U0312039

好评餐厅菜
在家也能做

杨桃美食编辑部 主编

江苏凤凰科学技术出版社

图书在版编目（CIP）数据

好评餐厅菜在家也能做/杨桃美食编辑部主编.——
南京：江苏凤凰科学技术出版社，2015.7（2020.3重印）
（食在好吃系列）
ISBN 978-7-5537-4578-7

Ⅰ.①好… Ⅱ.①杨… Ⅲ.①菜谱 Ⅳ.
① TS972.12

中国版本图书馆CIP数据核字(2015)第102610号

好评餐厅菜在家也能做

主 编	杨桃美食编辑部	
责 任 编 辑	葛 昀	
责 任 监 制	方 晨	

出 版 发 行	江苏凤凰科学技术出版社	
出版社地址	南京市湖南路1号A楼，邮编：210009	
出版社网址	http://www.pspress.cn	
印 刷	天津旭丰源印刷有限公司	

开 本	718mm×1000mm 1/16	
印 张	10	
插 页	4	
字 数	250 000	
版 次	2015年7月第1版	
印 次	2020年3月第2次印刷	

标 准 书 号	ISBN 978-7-5537-4578-7	
定 价	29.80元	

图书如有印装质量问题，可随时向我社出版科调换。

前言　Preface

　　人人都爱美食，就算是素食主义者，也会在素食的世界里探秘美味，所以当代社会衍生出了"吃货"一词，人们把探秘美食当作一种兴趣爱好，好吃的东西总是让人产生一种幸福感。中国人热情好客，每逢家里来了客人，大多都会选择在餐厅吃饭，不单单是因为自己厨艺有限，普遍来讲，是因为餐厅的菜更加好吃。

　　人们爱去餐厅享受美食，但是每到节假日，热门餐厅总是爆满，订了位置还不一定吃得到；而且餐厅消费相对较高，饱餐一顿下来，钱包可是"大失血"。那不如自己动手做餐厅菜吧！不但可以节省费用，而且可以自己选购新鲜的食材来制作，质量和卫生都有保障。本书精选最受欢迎的餐厅菜，把餐厅菜的美味秘诀，无私地分享给大家。

　　总结一下餐厅里菜品的烹饪方法，不外乎是煎、炸、炒、蒸、卤、煮、炖、烤和凉拌这几种。我们平时在家做饭，也会用到这些烹饪方式，但是为什么就是没有餐厅的好吃呢？其实主要原因是餐厅的菜品，从材料的选择、调料的配比到火候的掌握都是有技巧的。试想一下，如果掌握了这些技巧，那你不是也可以让自己的厨艺更上一层楼呢？

　　每家餐厅都有自己的招牌菜，热门的餐厅菜最容易出现在人们宴客的餐桌上，并且这些菜的共同特点就是色香味俱全，而且看起来制作过程繁杂。那么这些菜制作起来真的就那么难吗？在本书的第一篇章中，我们就总结了热门排行榜的餐厅菜，教你制作最热门的餐厅菜，从原料的配比，到制作的过程，都非常的详细，手把手教你轻松变成餐厅大厨。

　　随着生活节奏的加快，餐厅的快炒也越来越受人们的欢迎，其快捷却不失美味。累了一天，体力严重透支，却想吃点好吃的，那么，快炒就是不错的选择，本书精选了多道快炒菜，让你可以换着花样地享受美味。书中还设置了蒸煮卤炖菜、酥炸烧烤菜、凉拌小菜和餐后甜品，均配有精美成品图，以及详细的用料和制作步骤。无论你和你的家人口味多么不同，你总能找到满足他们胃口的菜品。

　　你还在艳羡餐厅里的美味，却又担心食物是否卫生安全吗？有了这本书，让你美味和健康都具备，在家里也可以吃到精致的餐厅菜。还等什么？赶快来试试吧！

目录 Contents

餐厅菜好吃的秘诀

PART 1
热门餐厅菜

餐厅菜好吃的秘诀

常用食材处理小诀窍

青菜汆烫不苦涩

白菜、菠菜这一类的叶菜，含有大量的水分，快炒时容易出水并有苦涩味，可以先汆烫再沥干，减少苦涩味。

肉类沾粉炸外酥内软

将腌制好的肉类沾裹一层薄薄的面粉或淀粉，再放入热油中炸至外表呈金黄色，即可形成酥脆的外皮。

肉类先腌再炒更入味

切好的肉先用腌料腌制再快炒，会更加入味。腌料通常会加一些油类或淀粉，可以保持肉质鲜嫩不干涩。

配料要先爆香

做菜时常需要放入辛香料或配料来增加菜肴风味，例如香菇、虾米等，这些一定要先爆出香味，炒菜才会香气十足。

逆纹切肉较软嫩

逆纹切的意思是菜刀与肉的纹路垂直下刀，将筋与肌肉纤维切断。这种切法可避免加热后肉质老化。

炒菜加水更鲜脆

炒青菜时加一些水可以产生水蒸气，会让青菜在锅中受热更均匀，让青菜可以维持鲜绿色泽不发黄变色。

蔬菜油炸可定色

很多蔬菜一下锅快炒颜色就会变黑，先以油炸的方式预先处理，例如茄子放入油锅中炸过，外皮可以保持鲜艳的紫色。

快速过油均匀受热

快速地过一下油，可使食材的表面快速而均匀地受热，使所有食材熟度一致，并锁住肉汁，让肉质更软嫩美味。

处理海鲜有窍门

许多人会觉得做海鲜很麻烦，也不懂为何在家总做不出餐厅的好滋味。别担心，大厨在这里一次为您通通解惑，做海鲜一点也不麻烦！

1. 买回家的海鲜一时用不完怎么办呢？要如何保存呢？

如果买回家的新鲜海鲜无法一次烹调完，建议先不用清洗，直接将海鲜冷藏。如果是贝类或虾子，可依每次所需要的分量多寡以小包装的方式包起来放入冰箱冷藏或冷冻。但是贝类切勿冷冻喔！这样可以避免水分流失，也能保持新鲜度。

2. 要怎么将新鲜的虾快速剥壳成虾仁？

新鲜的虾肉与壳还紧密黏在一起，因此不好剥下，最好的方式是先浸泡冰水，让虾肉紧缩，壳就方便去除了！

3. 清蒸鱼怎么蒸才能完整又没腥味呢？

蒸鱼的时候可以在蒸盘上先放上姜片，一方面可以去除鱼腥味，也可以将鱼皮与蒸盘隔离，减少鱼皮黏在盘上，保持鱼外观的完整性，而鱼上面放的葱段同样有去腥的效果，当蒸完之后姜片与葱段都可以舍弃。蒸锅中的水一定要先煮沸至水蒸气升起，才能放入蒸盘，这样蒸好的鱼才能保持鱼肉鲜嫩。

4. 怎么煎鱼才不会破碎而影响外观？

要先热锅再倒入油，油烧热才将鱼下锅；鱼放入油锅后先不要翻动，待周围呈现略干，带金黄色泽时，再以锅铲从鱼背慢慢铲起，接着将鱼腹慢慢铲松，再翻面煎至两面皆呈金黄色即可。如果底面未煎黄就提早翻动，鱼皮就容易破损。

5. 氽烫海鲜的时候有什么需要特别注意的小细节吗？

海鲜放入沸水中氽烫时，只要海鲜表面一变色就要马上捞起，以避免营养成分流失，也可以避免海鲜煮得过老，捞起的海鲜就可以用拌炒或是其他的方式来烹调。

快炒常用酱料怎么用

沙茶酱

沙茶酱是最受台湾人欢迎的调料，由扁鱼、蒜及红辣椒等调制而成，最常出现于火锅蘸酱及快炒中。沙茶酱在制作的过程中，拌炒时吸收了很多的油，装罐后油分会慢慢分离出来，属于较油的调料，因此烹调时应留意沙茶酱表层的油分及有无油耗味等保持新鲜的原则。

虾酱

虾酱是把虾晒干发酵，使大部分的水分蒸发，再打制成泥状而成，具有腥味，但是是国外美食中常用的调料，可以增加菜肴的美味与鲜味。用来炒菜、炒肉风味绝佳，使用前一定要先与蒜一起爆香，才能使虾酱的香味发挥得淋漓尽致。

番茄酱

番茄酱在中西方食物中，是经常使用到的调料。除了西式吃法中会搭配快餐用，中菜里的番茄酱，常用于糖醋食物。因为番茄酱已经调过味，所以番茄本身的风味并不是太明显。食物当中使用番茄酱烹调，主要是为了创造酱料的浓稠感，其次则是调色，鲜红的酱色，总能令人胃口大开。

辣椒酱

辣椒酱是常用的调料，不过买的时候要注意要选择未经特殊调味的较好，因为使用辣椒酱的目的，就是因为它本身除了辣味之外，且没有其他的香气，单纯的味道，可以让我们调酱或做菜时，不必担心酱料被其他味道影响。而辣椒酱的特性是越炒越辣，越炒越香，想吃重口味的菜务必事先爆香。

辣豆瓣酱

辣豆瓣酱是豆瓣酱中加入红辣椒拌炒而成，豆瓣酱主要的原料为黄豆、花椒及盐，属于重口味的调料。辣豆瓣酱的用途广泛，特点是压抑腥味，与海鲜及羊肉都是绝配。黄豆及花椒可以营造香气，红辣椒及盐则负责调味，使用辣豆瓣酱前可以加水稍微稀释，以小火炒出香气。

单位换算	固体类 / 油脂类	液体类
	1茶匙 = 5克	1茶匙 = 5毫升
	1大匙 = 15克	1大匙 = 15毫升
	1小匙 = 5克	1小匙 = 5毫升
		1杯 = 240毫升

轻松搞定油炸食物

低油温

低油温为80~100℃，只有细小油泡产生；粉浆滴进油锅底部后，必须稍等一下才会浮起来。适合制作表面沾裹蛋清所制成的蛋泡糊食材，以及需要回锅再炸的食物（可避免食材水分干掉）。

中油温

中油温为120~150℃，油泡会往上升起；粉浆滴进油锅，降到油锅底部后，马上就会浮起来。最适合外皮沾裹易焦的面包粉和食材沾裹调味过的粉浆，如果食材量少时，一般的油炸品都适合。

高油温

高油温为160℃以上，周围产生许多油泡；粉浆滴进油锅后，尚未到油锅底部就会浮起来。适合于采用干粉炸的方式和采用粉浆炸的方式时使用，如果炸制食材分量大或数量多时，可使用高温油。

吉利炸

由于吉利炸是引自西方的做法，因此又称为西炸。它的做法是将食材依序沾低筋面粉、沾蛋液、沾外裹物，再放入中油温的油锅中炸。此种炸法的特色是能够迅速让食材炸后的口感较为酥脆，且酥脆度能够维持较长的时间，外观是三种炸法中最具美感者。油炸时食材不外露，能够最大限度保持食材的鲜嫩美味。

干粉炸

干粉炸的做法是在食材下锅前均匀沾裹上干燥的粉类后，直接放进高温油锅中炸。当食材本身水分较多时，例如海鲜、水果、蔬菜等，或预备将炸好的食材进行二次烹调时，例如糖醋、烩等方式，才适合采用，特色是成品炸后会有较脆、干的口感。

粉浆炸

粉浆炸的做法是将食材均匀沾裹事先已调制好的液态粉浆后，再放进高油温的油锅中炸，特色是成品表皮会有略为酥酥的口感，而且因为淀粉的附着量不多，因此更能够直接享受到食材本身的鲜美口感。

凉拌菜美味8招

削皮

夏日凉拌菜有很多是瓜果类，像青木瓜、南瓜、白萝卜等瓜类，削皮的时候要多削一些，去掉青白部位，使用瓜肉的部分，不然吃起来会很硬，影响口感。

抓盐腌制

抓盐是凉拌菜中很常见的一个步骤，像青木瓜、白萝卜等瓜类，先放少许盐抓一抓，腌制约 30 分钟，可以去除苦涩味；如果是蔬菜类先抓盐，让它出水后沥干使用，才不会影响酱汁的浓淡。

汆烫

汆烫的目的不仅是烫熟肉类，还能去除肉类多余的脂肪和腥臭味；如果是汆烫蔬菜类，水要多，时间不能太久，不然会破坏叶绿素，食材颜色就会不绿。

沥干

食材入沸水汆烫或是抓盐之后，都会有残余的水分，这时把水倒掉还不够，最好能用沥网充分甩干，或是用手挤干，才不会水分过多，影响酱汁味道。

冰镇

食材汆烫后，可以放入冰块水中冰镇，降低食材的温度，蔬菜可以保持颜色，鱼皮海鲜可以保有爽脆的口感。

调酱

凉拌菜中，酱汁的味道是决定整道菜的关键，调料中包括酱汁和辛香料，多用酸、辣、甜等味道，使食物更开胃；葱姜蒜等辛香料不仅能去腥提味，在夏日凉菜中更有杀菌的作用。

拌匀

除了一些需要腌制入味的食物，像是小黄瓜、苦瓜、芋头之外，凉拌菜是现拌现吃最美味，如果时间无法拿捏，可以将酱料和食材分开保存，食用时再充分拌匀即可。

颜色搭配

除了味道之外，凉拌菜视觉上的美感也很重要，橘黄彩椒、绿色的小黄瓜、白色或紫色的洋葱、红色的番茄，这些食材搭配起来就很美观，能为整体的美感大大加分。

PART 1

热门餐厅菜

三杯鸡、蒜泥白肉、豆酥鳕鱼、盐酥虾等这些大家最喜爱的餐厅菜，不要被菜品复杂的外表所吓倒了，其实如果懂得做菜秘诀，在家也可以自己做。本篇把大家最爱点的四十多道色香味俱全的好菜全部收录在一起，一次满足你挑剔的味蕾，如果你想要学会做餐厅菜，让朋友和家人刮目相看，那么就从这篇开始吧！

蒜泥白肉

材料
五花肉500克，蒜6瓣，葱1根，姜10克

调料
酱油膏3大匙，白糖1小匙，香油1小匙

做法

1. 蒜、葱、姜洗净切碎，再加入所有调料一起搅拌均匀，即为蒜泥酱备用。

2. 五花肉洗净，整块放入沸水中，沸腾后转小火，盖上锅盖续煮15分钟关火，不开盖续浸泡30分钟。

3. 取出煮熟的五花肉，切成片状后盛盘，撒上少许葱花（分量外），食用时搭配做法1的蒜泥酱蘸食即可。

客家小炒

材料
五花肉100克，豆干50克，干鱿鱼50克，葱段10克，蒜片15克，红椒片5克，芹菜段适量，食用油适量

调料
酱油1大匙，米酒1大匙，白糖1小匙，盐1/2小匙，白胡椒粉1/2小匙，水50毫升，香油1小匙

做法

1. 干鱿鱼泡水至软，再剪成条状，备用。

2. 五花肉洗净切条；豆干洗净切条，备用。

3. 热锅，加入适量食用油，放入芹菜段、葱段、蒜片、红椒片炒香，再加入做法1、做法2的材料及所有调料快炒均匀即可。

红烧狮子头

📋 材料

猪绞肉	500克
马蹄	80克
姜	30克
葱白	2根
水	50毫升
鸡蛋	1个
淀粉	2小匙
水淀粉	3大匙
食用油	适量
大白菜	适量

🧂 调料

绍兴酒	1小匙
盐	1小匙
酱油	1小匙
白糖	1大匙

🥣 酱汁

姜片	3片
葱段	10克
水	500毫升
酱油	3大匙
白糖	1小匙
绍兴酒	2大匙

🍳 做法

❶ 先将马蹄洗净切末；姜去皮切末，葱白洗净切段，加水打成汁后过滤去渣。

❷ 猪绞肉与盐混合，摔打搅拌至呈胶黏状，再依次加入做法1的材料、调料和鸡蛋，搅拌摔打。

❸ 续于做法2中加入淀粉拌匀，再平均分成10颗肉丸状。

❹ 备一锅热食用油，手沾取水淀粉再均匀地裹上做法3的肉丸，将肉丸放入油锅中炸至表面呈金黄色后捞出。

❺ 取一锅，先放入酱汁材料，再将做法4炸过的肉丸加入，以小火炖煮半个小时。

❻ 最后将大白菜洗净，放入沸水中焯烫，再捞起沥干，放入做法5中即可。

姜丝猪肠

📋 材料
猪肠450克，嫩姜丝80克，葱段10克，香菜、食用油各适量

📋 调料
黄豆酱1小匙，盐1小匙，白糖1/2小匙，米酒1大匙，白醋3大匙，香油1大匙

📋 做法
❶ 将猪肠用粗盐（材料外）抓拌均匀再洗净，放入沸水中煮熟，切成段状备用。

❷ 锅烧热，放入嫩姜丝，加入盐、白糖、米酒炒透，捞起备用。

❸ 在锅中放入适量的食用油，加入做法1、做法2的材料、葱段和黄豆酱，用大火拌炒均匀。

❹ 最后起锅前再加入白醋和香油拌匀，撒上香菜即可。

佛跳墙

📋 材料
香菇10朵，芋头200克，素排骨酥100克，素肚1/2个，栗子、红枣各10颗，白果12颗，脆笋150克，姜片15克，水1200毫升，食用油适量

📋 调料
盐、白糖各1/2小匙，白胡椒粉、白醋各少许

📋 做法
❶ 香菇泡软洗净；栗子去皮洗净；芋头去皮洗净切块；素肚切块；红枣洗净；白果、脆笋浸泡后焯烫。将香菇、栗子、芋头块、素肚块放热油锅中，依序略炸捞起。

❷ 锅烧热，加入食用油，放入姜片爆香，再加入所有调料和水煮沸。

❸ 将做法1、做法2的所有材料和素排骨酥放入容器中，再盖上三层保鲜膜，放入蒸笼中蒸45分钟即可。

五更肠旺

材料

鸭血1块，熟猪肠1条，酸菜30克，蒜苗1根，姜5克，蒜2瓣，花椒1/2小匙，食用油适量

调料

辣椒酱2大匙，高汤200毫升，白糖1/2小匙，白醋1小匙，香油1小匙，水淀粉1小匙

做法

❶ 鸭血洗净切菱形块；猪肠洗净切斜片；酸菜切片，一起汆烫后沥干；蒜苗切段洗净；姜及蒜洗净切片备用。

❷ 热锅加入2大匙食用油，小火爆香姜片、蒜片，再加入辣椒酱及花椒，以小火炒至油变红有香味后加入高汤。

❸ 汤沸腾起后加入鸭血块、猪肠片、酸菜片、白糖及白醋，小火沸约1分钟后用水淀粉勾芡，再淋上香油即可。

酥炸肥肠

材料

猪肠2条，食用油适量，姜片20克，葱3根，花椒1小匙，八角4粒，水600毫升

调料

白醋5大匙，麦芽糖2小匙，水2大匙

做法

❶ 猪肠清洗干净，备用。

❷ 调料混合后加热；葱切段，分为葱白及葱绿。

❸ 取一锅，放入姜片、葱绿，加入花椒、八角、600毫升的水煮开，再放入猪肠，小火煮90分钟，捞出泡入做法2的调料中，再捞出吊起使之晾干，待猪肠表面干后，将葱白部分塞入猪肠内。

❹ 热油锅，放入猪肠以小火炸至上色，再捞出沥干，切斜刀段排入盘中即可。

香卤猪脚

材料
猪脚1100克，姜片2片，葱段15克，蒜5瓣，八角2粒，干辣椒段5克，月桂叶3片，水1800毫升，食用油、香菜、胡萝卜丝各适量

调料
酱油200毫升，番茄酱20克，酱油膏50克，冰糖20克，米酒50毫升

做法
1. 猪脚洗净入沸水中汆烫，捞出切块。
2. 热锅，倒入稍多的食用油，放入猪脚炸3分钟，至表面变色，取出。
3. 锅中留约2大匙食用油，放入姜片、葱段、蒜、八角、干辣椒爆香，再放入所有调料、水、月桂叶与猪脚炒香。
4. 将猪脚与汤汁倒入卤锅中，以小火卤80分钟，盛盘撒入香菜和胡萝卜丝即可。

笋干卤蹄髈

材料
猪蹄髈1450克，笋干100克，福菜60克，葱（切段）2根，蒜35克，八角2粒，干红辣椒2个，食用油适量，水2500毫升

调料
酱油、盐、冰糖各2大匙，米酒5大匙

做法
1. 猪蹄髈洗净后放入沸水中略煮，切块。
2. 再抹上少许的酱油（分量外），放入160℃的油锅中略炸至金黄色，捞起备用。
3. 福菜、笋干洗净，入沸水中焯烫，捞起。
4. 锅烧热，加入少许食用油，放入葱段、蒜、干红辣椒及八角下锅炒香，加入所有调料和水煮匀，再加入蹄髈，卤2小时，继续放入福菜和笋干，再卤30分钟至软即可。

葱油鸡

材料
土鸡1只，葱丝25克，红椒丝10克，水、食用油各适量

调料
酱油或胡椒盐适量

做法
1. 将土鸡洗净放入沸水中汆烫一下捞出冲水备用。
2. 将土鸡放入大锅中，加入水盖过鸡，煮沸后转小火继续煮约20分钟，熄火再闷约10分钟。
3. 取出鸡待凉后，剁块，放上葱丝、红椒丝，再淋上少许滚沸的食用油，蘸酱油或胡椒盐食用即可。

三杯鸡

材料
土鸡腿600克，姜100克，红椒2个，罗勒15克，食用油适量，水50毫升

调料
酱油1大匙，胡麻油2大匙，酱油膏2大匙，白糖1小匙，米酒50毫升

做法
1. 土鸡腿洗净剁块，用酱油抓匀；姜去皮洗净切片；红椒洗净对半切；罗勒挑去粗茎洗净。
2. 热油锅，将油烧至160℃，放入土鸡腿块，大火炸至表面微焦后捞起沥油。
3. 热锅，倒入胡麻油小火爆香姜片及红椒，继续放入鸡腿块、水及其余调料，煮开后将材料移至砂锅中用小火煮至汤汁收干，再加入罗勒略为拌匀即可。

宫保鸡丁

材料
鸡胸肉丁120克，葱段5克，蒜片5克，干辣椒段10克，花椒少许，蒜味花生10克，食用油适量

调料
酱油、米酒、水各1大匙，白醋、水淀粉、香油各1小匙

腌料
酱油1小匙，淀粉1大匙

做法
❶ 鸡胸肉丁加腌料腌10分钟，放入油锅中炸熟后捞起。

❷ 锅底留适量食用油，放入葱段、蒜片、干辣椒段与花椒炒香，加入炸鸡胸肉丁与所有调料（香油除外）拌炒均匀，起锅前放入蒜味花生，淋上香油拌匀即可。

绍兴醉鸡

材料
葱段20克，姜片5克，去骨鸡腿1只，水200毫升

调料
枸杞子1大匙，参须1小把，红枣10克，绍兴酒250毫升

做法
❶ 将去骨鸡腿洗净，卷成长条状后用保鲜膜卷紧，再包覆一层锡箔纸并卷紧。

❷ 将锡箔鸡腿卷与姜片、葱段一起放入水中，再使用小火煮约20分钟至熟。

❸ 另取一锅加入所有的调料和水先煮沸，搅拌均匀，加入煮好的锡箔鸡腿卷，再浸泡约3个小时至入味，即可打开切片盛盘。

椒麻鸡

材料
去骨鸡腿1只，卷心菜丝70克，葱花20克，蒜末5克，红椒末3克，香菜末2克，食用油适量

调料
酱油1大匙，白醋2小匙，白糖1大匙，花椒粉少许

做法
1. 去骨鸡腿洗净，用刀在内面交叉切刀，将筋切断；卷心菜丝装盘垫底，备用。
2. 热锅，加入少许食用油，放入鸡腿肉，以中火煎至两面焦脆后，捞起切片装盘。
3. 将葱花、蒜末、红椒末、香菜末与酱油、白醋、白糖拌匀后，淋至鸡腿肉片上，再撒上花椒粉即可。

葱爆牛肉

材料
牛肉150克，葱2根，姜20克，红椒1个，食用油适量

调料
蚝油1小匙，盐1/2小匙，米酒1大匙，白糖1小匙，香油1大匙

腌料
酱油1小匙，胡椒粉1/2小匙，水1大匙

做法
1. 牛肉切片，加入腌料抓匀，腌制约10分钟后再过油沥干；葱洗净切段；姜、红椒洗净切片，备用。
2. 热锅，加入适量食用油，放入葱段、姜片、红椒片以中大火炒香，再加入牛肉片及所有调料快炒均匀即可。

黑胡椒牛柳

材料
牛肉200克，洋葱丝150克，红椒丝5克，蒜末30克，食用油适量

调料
小苏打粉1/4小匙，淀粉1小匙，酱油1小匙，蛋清1大匙，粗黑胡椒粉2小匙，水3大匙，盐1/4小匙，番茄酱、白糖、水淀粉、香油各1小匙

做法
1. 将牛肉洗净，切成细条，与小苏打粉、淀粉、酱油、蛋清拌匀，腌制约2分钟。
2. 将牛肉下入油锅快炒至表面变白捞出。
3. 热锅，倒入少许食用油，以小火爆洋葱丝、红椒丝及蒜末，加入粗黑胡椒粉略炒，加入番茄酱、水、盐及白糖拌匀。
4. 下牛肉，转大火快炒10秒后，以水淀粉勾芡再洒上香油炒匀即可。

羊肉炒空心菜

材料
羊肉片150克，空心菜250克，蒜末10克，红椒片10克，食用油适量

调料
沙茶酱、香油各1大匙，酱油、白糖各1小匙

腌料
米酒1大匙，胡椒粉、酱油、香油各1小匙

做法
1. 空心菜洗净切段，备用。
2. 羊肉片加入腌料抓匀，腌制约10分钟后，过油，备用。
3. 热锅，加入适量食用油，放入蒜末、红椒片炒香，再加入羊肉片及沙茶酱、酱油、白糖快炒均匀，最后加入空心菜炒至清脆入味，起锅前淋入香油拌匀即可。

东坡肉

📋 材料

五花肉	600克
姜片	50克
红辣椒	2个
蒜	7瓣
葱段	30克
高汤	适量
粽绳	2条
食用油	适量

🧂 调料

酱油	2大匙
冰糖	100克
绍兴酒	1大匙

🍱 卤包

八角	2粒
甘草	5克
桂皮	5克
月桂叶	3片
草果	2粒
罗汉果	5克

🍲 做法

❶ 将五花肉洗净，放入沸水中煮约20分钟后捞起（高汤留用）。

❷ 将五花肉切块，修整成正方形块状，并绑上粽绳备用。

❸ 热油锅，放入葱段、红辣椒、蒜、姜片炒香，再移入炖锅中。

❹ 炖锅中放入绑好的五花肉块，倒入煮五花肉的高汤，水量淹过肉块。

❺ 再加入所有的调料，加入卤包，用大火煮沸，转小火并盖上锅盖，卤煮90分钟至软即可。

清蒸鲈鱼

材料
银花鲈鱼1尾(约600克)，葱4根，姜片30克，红椒1个，水50毫升，食用油50毫升

调料
蚝油、白糖、米酒各1大匙，酱油2大匙，白胡椒粉1/6小匙

做法
1. 银花鲈鱼洗净后置于蒸盘上，鱼身下横垫一根筷子。
2. 将2根葱洗净切段拍破，和部分姜片铺在鲈鱼上，洒入米酒，入蒸笼大火蒸15分钟至熟，取出装盘，葱、姜片及蒸鱼水弃置。
3. 将其余葱及姜、红椒切细丝，铺在鱼身上；热锅加入食用油烧热，淋至葱、姜、红椒丝上，再将所有调料和水煮开后淋在鱼上即可。

豆酥鳕鱼

材料
鳕鱼200克，碎豆酥50克，蒜末10克，葱花20克，食用油适量

调料
白糖1/4小匙，辣椒酱1小匙

做法
1. 鳕鱼洗净沥干置于盘中，移入蒸笼以大火蒸约8分钟取出备用。
2. 热锅，倒入适量食用油烧热，放入蒜末以小火略炒出香味，再加入碎豆酥及白糖，以中火持续翻炒至豆酥颜色成为金黄色，改小火加入辣椒酱快速炒匀，最后加入葱花略拌，盛出均匀淋在鳕鱼上即可。

五柳鱼

材料
鲈鱼1尾，红椒丝、青椒丝、胡萝卜丝、黑木耳丝、洋葱丝各20克，葱丝10克，食用油适量，水100毫升

调料
盐、鸡精、白胡椒粉、米酒各1/4小匙，白醋、番茄酱、水各3大匙，白糖、水淀粉各适量

做法
1. 鲈鱼洗净沥干，鱼身两面间隔斜切几刀。
2. 将盐、鸡精、白胡椒粉、米酒和100毫升水调匀，再放入鱼肉抹匀并腌制约2分钟，放入180℃的油锅中，炸至金黄色，捞出。
3. 锅底留少许食用油，加红椒丝、黑木耳丝、青椒丝、洋葱丝、葱丝及胡萝卜丝炒香，加水、白醋、番茄酱、白糖拌匀，以水淀粉勾芡，淋在鱼身上即可。

砂锅鱼头

材料
鲢鱼头1/2个，板豆腐块200克，芋头块50克，包心白菜1棵，葱段30克，姜片10克，蛤蜊8个，豆腐角10个，黑木耳片30克，水1000毫升，食用油适量

调料
盐1/2小匙，蚝油1大匙

腌料
盐1小匙，淀粉3大匙，鸡蛋1个，白糖、胡椒粉、香油各1/2小匙

做法
1. 腌料混合拌匀，抹在洗净的鲢鱼头上，同板豆腐块、芋头块放入热油锅中炸熟。
2. 包心白菜洗净切大片，放沸水中焯烫，捞起沥干，放砂锅底部，依序放入鲢鱼头和其余所有材料（除蛤蜊外）、调料，煮12分钟，续加入洗净的蛤蜊煮至开壳即可。

滑蛋虾仁

材料
鸡蛋4个，白虾仁80克，葱花15克，香菜、食用油各适量

调料
盐1/4小匙，米酒1小匙，水淀粉2大匙

做法
❶ 白虾仁洗净放入沸水中焯烫，待沸水再度滚沸后5秒，立即捞出冲凉沥干。

❷ 鸡蛋加盐、米酒打匀后加入白虾仁、水淀粉及葱花拌匀。

❸ 热锅，倒入2大匙食用油，将蛋液再拌匀一次后，倒入锅中，以中火翻炒至鸡蛋凝固，盛出撒上香菜即可。

菠萝虾球

材料
大虾8尾，菠萝100克，生菜80克，淀粉1大匙，食用油适量

调料
沙拉酱4大匙，现榨柠檬汁1.5大匙，白糖1小匙，盐1/2小匙

腌料
盐、香油各1/4小匙，白胡椒粉1/8小匙

做法
❶ 将大虾去壳，洗净沥干，加入腌料。

❷ 将大虾裹上淀粉，放入油锅以中火炸约3分钟后捞出。

❸ 生菜洗净后铺盘底；菠萝切小块备用。

❹ 将所有的调料拌匀，和菠萝块、虾仁拌匀，装盘即可。

生菜虾松

材料
虾仁300克，马蹄碎100克，油条30克，生菜80克，葱末、姜末、芹菜末各10克，食用油适量

调料
沙茶酱1大匙

腌料
盐、香油各1小匙，胡椒粉1/2小匙，鸡蛋3个，米酒、淀粉各1大匙

做法
1. 虾仁洗净切小丁，加入所有腌料抓匀，腌制约5分钟后，过油，备用。
2. 热锅，加入适量食用油，放入葱末、姜末、芹菜末炒香，再加入虾丁、马蹄碎与沙茶酱拌炒均匀，即为虾松。
3. 油条切碎、过油；生菜洗净；在生菜上铺上油条碎，装入炒好的虾松即可。

盐酥虾

材料
白虾300克，葱2根，红椒2个，蒜15克，食用油适量

调料
胡椒盐1小匙

做法
1. 白虾洗净沥干水分；葱洗净切葱花；红椒、蒜洗净切碎，备用。
2. 热油锅至约180℃，将白虾下油锅炸约30秒至表皮酥脆即起锅。
3. 锅中留少许油，以小火爆香葱花、蒜碎、红椒碎，再放入白虾、胡椒盐，快速以大火翻炒均匀即可。

椒盐龙珠

材料
龙珠（鱿鱼嘴）200克，葱2根，红椒1个，蒜30克，食用油适量

调料
淀粉2大匙，胡椒盐1/2小匙

做法
❶ 把龙珠洗净、沥干；葱洗净切花；红椒、蒜洗净切末，备用。

❷ 起油锅，热油温至约180℃，在龙珠表面撒上一些干淀粉，即可放入油锅中以大火炸约1分钟至表面酥脆即可起锅。

❸ 起锅，热锅后加入少许食用油，以小火爆香葱花、蒜末、红椒末，将龙珠入锅，加入胡椒盐，以大火快速翻炒均匀即可。

蚝油海瓜子

材料
海瓜子300克，罗勒10克，葱10克，蒜10克，红椒10克，食用油1大匙

调料
蚝油1大匙，酱油1小匙，白糖1小匙，米酒1大匙，白胡椒粉1/2小匙，香油1小匙

做法
❶ 葱、红椒和蒜洗净切末，备用。

❷ 起油锅，放入1大匙食用油，加入做法1的所有材料爆香。

❸ 再加入洗净的海瓜子拌匀，焖煮1分钟至熟，最后加入所有调料和罗勒快火炒匀即可。

豆豉牡蛎

材料
牡蛎200克，盒装豆腐1盒，姜末10克，蒜末8克，红椒末10克，豆豉20克，葱花30克，食用油1大匙

调料
米酒1小匙，酱油膏2大匙，白糖1小匙，水2大匙，水淀粉1小匙，香油1小匙

做法
1. 牡蛎洗净后沥干；豆腐切丁，备用。
2. 牡蛎用沸水焯烫约5秒后捞出沥干。
3. 热锅加1大匙食用油，小火爆香蒜末、姜末、豆豉、红椒末、葱花后加入牡蛎及豆腐丁。
4. 加入米酒、酱油膏、白糖和水煮开后，用水淀粉勾芡，洒上香油即可。

红烧豆腐

材料
板豆腐500克，猪肉丝80克，葱丝10克，姜丝10克，红椒丝5克，食用油2大匙，高汤100毫升

调料
酱油3大匙，白糖1/4小匙，香油1/2小匙

做法
1. 板豆腐切成厚1.5厘米的厚片；热锅加入约1大匙食用油，将豆腐片煎至两面焦黄，起锅备用。
2. 热锅加入1大匙食用油，以小火爆香姜丝及红椒丝，放入猪肉丝炒至肉散开，加入酱油、高汤、白糖。
3. 加入豆腐片以小火煮约2分钟后至汤汁略收，加入葱丝及香油即可。

三杯中卷

📋 材料
鱿鱼中卷180克，姜50克，红辣椒2个，罗勒20克，蒜10瓣

🧂 调料
胡麻油2大匙，酱油膏2大匙，白糖1小匙，米酒2大匙，水2大匙

🍳 做法
1. 鱿鱼中卷洗净切圈；姜洗净切片，红辣椒洗净对半剖开；罗勒挑去粗茎洗净，备用。
2. 烧一锅水，水滚后将鱿鱼圈下锅焯烫约30秒后沥干。
3. 取锅洗净，热锅后加入胡麻油，以小火爆香蒜、姜片及红辣椒，加入鱿鱼圈及其余调料，大火煮开后翻炒至汤汁收干，再加入罗勒略为拌匀即可。

咖喱螃蟹粉丝

📋 材料
螃蟹1只，泡发粉丝、洋葱丁各50克，蒜末30克，芹菜末40克，奶油、淀粉各2大匙，高汤300毫升

🧂 调料
咖喱粉2小匙，盐1/2小匙，鸡精1/2小匙，白糖1/2小匙

🍳 做法
1. 将螃蟹洗净，切小块，撒上淀粉，放入180℃的油锅中，炸2分钟至焦黄。
2. 另起锅热锅，加入奶油，以小火爆香洋葱丁、蒜末后，加入咖喱粉略炒香，再加入螃蟹块及高汤、盐、鸡精、白糖以中火煮沸。
3. 待做法2的材料续煮约30秒后，加入泡发粉丝同煮，等汤汁略收干后，撒上芹菜末略拌匀，起锅装盘即可。

麻婆豆腐

材料

猪绞肉	150克
葱末	20克
红椒圈	10克
嫩豆腐	2盒
蒜末	10克
花椒粒	10克
水	200毫升
食用油	2大匙

调料

豆瓣酱	2大匙
辣椒酱	1/2大匙
鸡精	1/2小匙
白糖	1/2小匙
盐	少许
水淀粉	少许
香油	少许

做法

1. 嫩豆腐切小块，泡热开水，备用。

2. 热锅，加入2大匙食用油，放入花椒粒以小火爆香后，将花椒粒取出。

3. 锅中继续放入一半葱末、红椒圈、蒜末爆香，再加入猪绞肉炒散，然后加入豆瓣酱、辣椒酱炒香。

4. 锅中加入水、嫩豆腐、鸡精、白糖、盐调味，煮至入味后，以少许水淀粉勾薄芡，起锅前滴入香油拌匀，最后撒上剩余的葱末即可。

蛤蜊丝瓜

🏷 材料
丝瓜350克，蛤蜊80克，葱1根，姜10克，食用油适量

🥣 调料
盐1/2小匙，白糖1/4小匙

🍲 做法
❶ 丝瓜去皮、去籽，洗净切成菱形块，放入热油锅中过油，捞起沥干备用。
❷ 葱洗净切段；姜洗净切片；蛤蜊泡盐水吐净沙，备用。
❸ 热锅中倒入适量的食用油，放入葱段、姜片爆香，再加入丝瓜块及蛤蜊以中火拌炒均匀，盖上锅盖焖煮至蛤蜊壳打开，最后加入所有调料拌匀即可。

鱼香茄子

🏷 材料
茄子块250克，猪绞肉30克，葱花20克，蒜末、姜末各10克，食用油适量

🥣 调料
辣豆瓣酱2大匙，白醋2小匙，白糖1大匙，水3大匙，水淀粉1小匙，香油1小匙

🍲 做法
❶ 热锅，加入适量食用油烧热至约180℃，将茄子块下锅炸约1分钟后捞起沥干油。
❷ 继续热锅，倒入约1大匙食用油，以小火爆香部分葱花、蒜末及姜末。
❸ 加入猪绞肉，炒至猪绞肉散开后加入辣豆瓣酱炒香，再加入水、白醋、白糖煮开后加入茄子块，炒至汤汁略干后加入水淀粉勾芡，淋上香油，盛出，撒上葱花即可。

咸蛋苦瓜

📋 材料
苦瓜450克，蒜末30克，红椒末3克，熟咸蛋2个，香菜、食用油各适量

🧂 调料
盐1/2小匙，白糖1小匙

🍳 做法
1. 苦瓜剖开去籽，洗净切薄片，放入沸水中焯烫，捞起备用。
2. 熟咸蛋去壳，切丁备用。
3. 锅烧热，放入少许食用油，加入蒜末和红椒末爆香。
4. 加入苦瓜片和咸蛋丁炒匀。
5. 再加入所有调料拌炒均匀，最后撒上香菜即可。

干煸豆角

📋 材料
豆角200克，猪绞肉30克，蒜末10克，食用油适量

🧂 调料
辣椒酱1大匙，酱油1大匙，白糖1/2小匙，水2大匙

🍳 做法
1. 豆角摘除头尾，再剥除两侧粗丝，洗净，切段备用。
2. 热锅，倒入适量食用油烧热至约180℃，将豆角下锅炸约1分钟至表面呈微金黄色后，捞起沥干油备用。
3. 锅中留少许食用油，以小火爆香蒜末，再放入猪绞肉炒至散开，加入辣椒酱、酱油、白糖及水炒至干香。
4. 加入豆角，炒至汤汁收干即可。

宫保皮蛋

📋 材料
皮蛋5个，葱段20克，姜丝10克，蒜碎15克，蒜香花生仁40克，食用油适量

🍶 调料
淀粉2大匙，白醋、番茄酱、白糖、米酒各1小匙，酱油、水各1大匙

🍽 做法
❶ 皮蛋用水煮约5分钟后，用冷水浸凉，剥壳，对切成8小块；将调料（淀粉除外）调匀成兑汁备用。

❷ 热锅中加入约500毫升食用油烧至约150℃，将皮蛋块裹上一层薄淀粉后，入锅中用大火炸至表面微酥，捞起沥干油。

❸ 锅底留少许食用油，用小火爆香葱段、蒜碎及姜丝，加入皮蛋块大火炒5秒，淋入兑汁炒匀，撒上蒜香花生仁拌匀即可。

开阳卤白菜

📋 材料
大白菜1/2棵，黑木耳丝30克，胡萝卜丝20克，鱼皮段50克，葱段15克，虾米1大匙，水500毫升

🍶 调料
酱油20毫升，盐少许，白糖1小匙，白胡椒粉少许，香油1小匙

🍽 做法
❶ 将大白菜洗净沥干水分，切成大块状；将虾米泡水备用。

❷ 将大白菜放入沸水中略为焯烫，捞起备用，再将鱼皮略为焯烫后，捞起备用。

❸ 取一个汤锅，先加入做法1、做法2的所有材料，再将除了香油外的调料和水一起加入，以中小火卤约20分钟让大白菜软化，最后滴入香油即可。

虾酱空心菜

材料
空心菜500克，蒜2瓣，红辣椒1个，食用油2大匙

调料
虾酱1小匙，味精1/4小匙，水1大匙

做法
1. 空心菜洗净切小段，备用。
2. 将蒜去皮洗净切碎；红辣椒洗净切圈，备用。
3. 热锅，倒入2大匙食用油，以小火爆香红辣椒圈、蒜碎及虾酱。
4. 加空心菜、味精及水后快炒至空心菜变软即可。

苍蝇头

材料
韭菜花100克，猪绞肉150克，豆豉10克，红椒圈5克，蒜4瓣，食用油适量

调料
酱油1大匙，白糖1小匙，米酒1大匙，五香粉1/2小匙

做法
1. 猪绞肉入锅中炒干；蒜去皮洗净切碎，备用。
2. 热锅，加入适量食用油，放入蒜碎、红椒圈、豆豉以中小火炒香，再加入猪绞肉及所有调料转中火炒匀。
3. 起锅前加入切小段的韭菜花，以大火拌炒30秒即可。

蒜香虾卷心菜

材料
卷心菜200克，蒜末10克，虾米20克，食用油适量

调料
水3大匙，盐1/2小匙，白糖1/4小匙

做法
1. 卷心菜洗净后切片。
2. 热锅，加入少许食用油以小火爆香蒜末及虾米。
3. 再加入卷心菜片、水、盐、白糖炒至卷心菜变软即可。

脆皮豆腐

材料
板豆腐200克，葱花10克，蒜末10克，红椒末5克，食用油适量

调料
酱油膏2大匙，凉开水1大匙，白糖1小匙，香油1小匙

做法
1. 板豆腐切成2厘米立方的小块备用。
2. 热油锅至约180℃，将豆腐下锅，用大火炸至金黄酥脆后，沥干盛出装盘。
3. 将葱花、蒜末、红椒末及所有调料拌匀成蘸酱蘸食即可。

PART 2

精致快炒

　　快炒是最方便快速的做菜方式，集快捷与美味于一身，所以深受人们的喜爱。不论是使用单一食材，还是适当搭配多种食材增加口味变化，它的随意性决定了菜品的口感和美味，只需掌握一些小诀窍，就能让菜肴更可口。本篇收录的50多道快炒菜，包含了蔬菜、肉类、海鲜、豆腐等多种食材，大大满足你的味蕾。

镇江排骨

材料
排骨600克，洋葱1/2个，红椒1/2个，姜片30克，水500毫升

调料
镇江醋5大匙，酱油2大匙，盐1/2小匙，白糖3大匙，水淀粉2小匙

做法
1. 将排骨洗净剁小块；红椒、洋葱洗净切片备用。
2. 锅中放入1大匙食用油（材料外）加热，再放入排骨块以中火煎至金黄捞出。
3. 锅中继续放入姜片、洋葱片、红椒片炒香，再放入排骨块，加入水、所有调料（水淀粉除外）以中火煮到收汁。
4. 最后加入水淀粉勾芡即可。

橙汁烧排骨

材料
排骨350克，姜片15克，洋葱丝30克，上海青1棵，柳橙片、橙皮丝各少许，食用油适量

调料
柳橙汁500毫升，白糖1小匙，米酒1小匙，盐少许，白胡椒粉少许，水淀粉适量

腌料
米酒、香油、酱油各1小匙，盐、胡椒粉各少许

做法
1. 排骨洗净剁块，加入腌料腌15分钟，再用190℃的食用油炸成金黄色，盛盘。
2. 另起锅，加入1大匙食用油，爆香姜片、洋葱丝，再加入调料（水淀粉除外）炒匀，加盖焖煮至汤汁略收，放入水淀粉勾芡，淋在排骨上，以柳橙片和橙皮丝装饰，摆上焯熟的上海青即可。

糖醋里脊肉

材料
猪里脊肉250克，洋葱片、青椒片各50克，食用油适量

调料
淀粉1大匙，米酒1/2小匙，盐1/8小匙，鸡蛋液1大匙，白醋3大匙，番茄酱2大匙，白糖4大匙，水3大匙，水淀粉1小匙

做法
❶ 猪里脊肉洗净切成长宽高各约2厘米的肉块，加入淀粉、米酒、盐、鸡蛋液抓匀。

❷ 锅中加适量食用油烧热，将猪里脊肉块裹上淀粉（分量外）再下有油锅，以中小火炸约3分钟至金黄酥脆后捞起沥干。

❸ 另起锅，放入青椒片及洋葱片炒香，加入白醋、番茄酱、白糖及水，煮开后用水淀粉勾芡，加入猪里脊肉块炒匀即可。

酱爆肉片

材料
猪里脊肉薄片150克，小黄瓜块60克，葱段10克，姜片10克，食用油适量

调料
甜面酱1小匙，白糖1小匙，酱油1小匙，番茄酱1大匙，香油1小匙，水2大匙，水淀粉1小匙

腌料
酱油、淀粉、香油各1小匙，米酒1大匙，

做法
❶ 猪里脊肉薄片加入所有腌料抓匀，腌制约10分钟；所有调料调匀成调味酱，备用。

❷ 热锅，倒入适量食用油，放入猪里脊肉薄片爆炒至肉色变白，捞起沥干油。

❸ 继续于锅中放入葱段、姜片、小黄瓜块，以中小火拌炒1分钟，再放入猪里脊肉薄片及调味酱拌匀即可。

蒜烧五花肉

材料
五花肉100克，蒜苗100克，红辣椒10克，热水50毫升，食用油适量

调料
酱油3大匙，白糖1小匙，米酒2大匙，盐少许

做法
1. 五花肉洗净切小块；蒜苗、红辣椒洗净切段，备用。
2. 热油锅，放入五花肉块煎至微焦，再放入蒜苗段、红辣椒段炒香。
3. 再加入所有调料炒香，最后加入热水烧煮至入味收汁即可。

青椒炒肉丝

材料
猪肉丝150克，青椒丝、红椒丝、食用油各适量

调料
盐1/8小匙，胡椒粉、香油各少许，水淀粉1/2小匙

腌料
鸡蛋液2小匙，盐、酱油各1/4小匙，料酒、淀粉各1/2小匙

做法
1. 猪肉丝加入腌料，搅拌2分钟拌匀。
2. 将所有调料拌匀成兑汁备用。
3. 热锅中加入食用油，放入猪肉丝以大火迅速轻炒至肉色变白，再加入青椒丝、红椒丝炒1分钟后，一边翻炒一边加入兑汁，以大火快炒至均匀即可。

京酱肉丝

材料
猪肉丝250克，葱60克，食用油2大匙，红椒丝
少许，水50毫升

调料
水淀粉1小匙，甜面酱3大匙，番茄酱2小匙，白
糖2小匙，香油1大匙

做法

❶ 葱洗净后切丝，放置于盘上垫底。

❷ 热锅，倒入食用油，将猪肉丝与水淀粉抓
  匀后下锅，以中火炒至猪肉丝变白后，加
  入水、甜面酱、番茄酱及白糖，持续炒至
  汤汁略收干，再加入香油拌匀。

❸ 最后将猪肉丝盛至葱丝上，撒上红椒丝装
  饰即可。

回锅肉

材料
带皮五花肉200克，卷心菜120克，豆干100
克，姜末、葱段各5克，食用油适量

调料
辣豆瓣酱1大匙，甜面酱1大匙，花椒粉1/6小
匙，白糖1/2小匙，香油1/2小匙

做法

❶ 带皮五花肉整块洗净汆烫至熟，凉透后切
  薄片；卷心菜切片洗净；豆干切斜片。

❷ 热锅，倒入1大匙食用油，放入五花肉片
  及豆干片，炒至肉片微焦后取出肉片与豆
  干片。

❸ 锅中再放入姜末和葱段，以小火爆香后加
  入辣豆瓣酱及甜面酱略炒香，放入花椒
  粉、白糖及五花肉片、卷心菜片同炒，以
  大火快炒约1分钟后洒上香油即可。

韭黄炒肉丝

材料
韭黄段250克，猪里脊肉150克，蒜末10克，红椒丝10克，食用油1大匙

调料
盐1/3小匙，鸡精1/2小匙，米酒1大匙，水少许，香油1小匙

腌料
盐少许，蛋清1小匙，淀粉少许，米酒1大匙

做法
❶ 猪里脊肉洗净切丝，加入腌料拌匀腌约5分钟，再放入油锅中略过油，捞出备用。

❷ 热锅，倒入1大匙食用油，放入蒜末爆香，放入韭黄、红椒丝、盐、鸡精、米酒、水快炒至韭黄微软，最后淋上香油拌匀即可。

竹笋炒肉丝

材料
猪肉丝120克，竹笋丝50克，青椒丝10克，红椒丝10克，葱段10克，蒜片5克，食用油适量

调料
盐1/2小匙，酱油1/2小匙，鸡精1/2小匙，白糖1小匙，水淀粉10毫升

腌料
酱油、白胡椒粉、香油、淀粉各适量

做法
❶ 将猪肉丝加入腌料拌匀，腌10分钟备用。

❷ 热锅关火，放入200毫升的冷油，加入腌肉丝过油，捞起备用。

❸ 锅底留油，加入葱段、红椒丝、蒜片爆香，再放入竹笋丝、青椒丝、猪肉丝和所有调料（除水淀粉外）快炒均匀，最后加入水淀粉勾芡即可。

鱼香肉丝

材料
猪肉丝120克，葱30克，蒜5克，黑木耳5克，食用油适量，水50毫升

调料
辣椒酱1大匙，白糖1小匙，香油5毫升，辣油5毫升，水淀粉30毫升

腌料
酱油、白胡椒粉、香油、淀粉各适量

做法
1. 将葱、蒜和黑木耳洗净切末备用。
2. 将猪肉丝加入腌料拌匀，腌10分钟备用。
3. 热锅关火，放入200毫升的冷油，加入腌肉丝过油，捞起备用。
4. 将锅中食用油倒掉至剩1大匙，热锅后加入做法1的材料爆香，再放入猪肉丝、水和所有调料快炒均匀即可。

酸白菜肉片

材料
五花肉片300克，酸白菜300克，干辣椒5克，花椒2克，姜丝10克，蒜苗30克，水3大匙，食用油适量

调料
米酒1大匙，盐1/2小匙，白糖1大匙，香油1大匙

做法
1. 酸白菜切段；蒜苗洗净切段，备用。
2. 热一炒锅，加入少许食用油，炒香干辣椒、花椒、姜丝及五花肉片。
3. 接着加入酸白菜段、蒜苗、水、米酒、盐、白糖炒匀。
4. 待炒至汤汁收干，淋上香油即可。

蒜苗炒猪肉片

材料
猪肉片200克，蒜苗200克，红辣椒20克，蒜末20克，食用油1大匙

调料
米酒1大匙，白糖1小匙

做法
① 蒜苗洗净切斜片；红辣椒洗净切小圈，备用。
② 热锅，倒入食用油，将猪肉片入锅煸至微焦出油。
③ 加入蒜末、红辣椒圈，用锅中猪油煸香。
④ 再加入蒜苗片及所有调料炒匀至干香即可。

蚂蚁上树

材料
粉条2把，猪绞肉120克，蒜末10克，姜末10克，红椒末10克，葱末10克，食用油2大匙，水120毫升

调料
辣豆瓣酱2大匙，鸡精1/4小匙，米酒1/4小匙，酱油、白糖、盐各少许

做法
① 将泡软的粉条对切，备用。
② 热锅，加入食用油，爆香姜末、蒜末，再加入猪绞肉炒至变色，接着放入红椒末、葱末、辣豆瓣酱炒香。
③ 于锅中继续加入粉条、水和其余的调料，炒至材料均匀入味收汁即可。

干锅香辣虾

材料

白虾	300克
葱段	30克
姜末	30克
蒜片	30克
花椒	3克
蒜酥	10克
香菜	10克
食用油	适量
水	50毫升

调料

辣油	4大匙
番茄酱	2大匙
黑胡椒	1/4小匙
酱油膏	2大匙
白糖	2小匙
米酒	50毫升
香油	1大匙

做法

1. 白虾去肠泥、洗净且剪去长须；香菜洗净切小段备用。

2. 取一锅加热，倒入半锅食用油，烧至约180℃，将白虾下油锅，炸至表面酥脆后起锅沥油。

3. 取另一锅加热，倒入辣油，以小火爆香葱段、姜末、蒜片及花椒。

4. 继续加入番茄酱及黑胡椒炒香，放入白虾及蒜酥炒匀，再加入酱油膏、白糖、米酒及水煮开。

5. 以小火煮约2分钟至水分收干后洒上香油，盛入锅中，撒上香菜即可。

打抛猪肉

🗂 材料
猪绞肉200克，洋葱丁50克，蒜末1/2小匙，红椒末30克，罗勒20克，食用油1大匙

🫙 调料
鱼露1大匙，泰国甜酱油1小匙，白糖1/2小匙

🍲 腌料
酱油1小匙，米酒1/2小匙，胡椒粉少许，香油少许，淀粉1小匙

🍳 做法
❶ 猪绞肉加入所有腌料腌制约10分钟，备用。

❷ 罗勒摘去老枝、洗净，备用。

❸ 锅烧热加入食用油，放入猪绞肉炒至肉色变白，再加入洋葱丁、蒜末、红椒末炒约3分钟，再加入所有调料炒1分钟，最后加入罗勒炒匀即可。

芹豆炒腊肉

🗂 材料
腊肉1条，荷兰豆100克，芹菜茎200克，红椒1/2个，蒜片3克，水2大匙，食用油适量

🫙 调料
盐1/4小匙，白糖1/2小匙

🍲 腌料
酱油、白胡椒粉、香油、淀粉各适量

🍳 做法
❶ 腊肉切片，泡热水冲淡咸味，捞起沥干。

❷ 荷兰豆摘去蒂头洗净；芹菜茎洗净切段；红椒洗净切菱形片，备用。

❸ 取锅，加入少许食用油、蒜片和腊肉片，开小火炒约1分钟后，加入荷兰豆和芹菜茎略翻炒。

❹ 接着再加入水、全部的调料和红椒片，快炒2分钟即可盛盘。

腊味炒年糕

材料

年糕1包，广式腊肠2条，蒜苗2根，红椒片5克，蒜末1/2小匙，食用油1大匙，沸水400毫升

调料

蚝油1大匙，盐1/4小匙，白糖1/4小匙

做法

❶ 广式腊肠放入电饭锅的蒸篮中，外锅加入适量水，按下开关，蒸约10分钟至熟，取出切片。

❷ 蒜苗洗净切段；年糕抓散放入沸水中泡软后，沥干。

❸ 取锅，加入食用油，放入蒜末和广式腊肠片爆香，再放入年糕和全部调料炒约3分钟，最后加入蒜苗段和红椒片炒1分钟即可。

姜葱爆叉烧

材料

市售叉烧250克，姜30克，葱4根，黄甜椒适量，食用油适量

调料

米酒2小匙，蚝油1小匙，酱油1小匙

做法

❶ 市售叉烧切成0.4厘米厚的片状。

❷ 姜洗净去皮后，修整成长方形再切片；葱洗净，切段；黄甜椒洗净，切菱形片，备用。

❸ 锅中加入适量食用油加热，放入姜片和葱白段，以小火煸至外观呈金黄色。

❹ 接着放入葱绿段、黄甜椒片、叉烧片和全部调料，以小火快炒2分钟即可。

沙茶爆猪肝

材料
猪肝150克，红椒圈、青椒圈、姜末各5克，葱段50克，食用油适量

调料
淀粉1小匙，沙茶酱2大匙，盐1/4小匙，白糖1/2小匙，香油1小匙，米酒适量

做法
1. 猪肝洗净切成厚0.5厘米的片状，用少许米酒和淀粉抓匀腌制约2分钟。
2. 热锅，倒入4大匙食用油，放入猪肝片大火快炒至表面变白后，捞起沥油备用。
3. 锅底留少许油，以小火爆香葱段、姜末及红椒圈、青椒圈，加入沙茶酱炒香后，放入猪肝片快速翻炒，再加入盐、白糖和米酒炒约30秒至猪肝熟透，淋上香油即可。

嫩炒韭菜猪肝

材料
猪肝300克，韭菜100克，红椒10克，蒜20克，淀粉2大匙，食用油1大匙

调料
酱油膏1大匙，白糖1小匙，鸡精1小匙，米酒1大匙，香油1小匙

做法
1. 猪肝洗净切厚片状，加淀粉抓匀，放入热水中汆烫，捞起沥干备用。
2. 韭菜洗净切段；红椒洗净切丝；蒜洗净切片，备用。
3. 起锅，加入食用油，放入红椒丝和蒜片爆香。
4. 再放入猪肝片和所有调料快炒均匀，最后加入韭菜段炒匀即可。

蒜香猪肝

材料
猪肝300克，荷兰豆150克，胡萝卜片30克，蒜碎2大匙，食用油适量，红薯粉适量

调料
酱油膏3大匙，香油1小匙，白糖1大匙，米酒1大匙

腌料
酱油2小匙，米酒1大匙，鸡蛋液1大匙，姜汁1大匙，淀粉1大匙，白胡椒粉1/2小匙

做法
1. 猪肝洗净切厚片，用腌料拌匀；荷兰豆择洗干净；猪肝片沾裹红薯粉，放入热油锅小火炸2分钟捞出。
2. 另起锅加适量食用油，放入蒜碎略炒，加入胡萝卜片、荷兰豆炒1分钟，加入所有调料炒匀，最后放入猪肝片拌炒均匀即可。

豆角炒肥肠

材料
市售卤肥肠300克，豆角200克，蒜末10克，碎虾米、红椒末、葱花各20克，食用油适量

调料
盐1/4小匙，鸡精1小匙，绍兴酒2大匙

做法
1. 卤肥肠切圈；豆角择洗干净切段备用。
2. 热锅，倒入适量食用油，烧热至约180℃，将豆角下锅炸约1分钟至干香后，捞起沥干油。
3. 再将市售卤肥肠放入锅中，炸至干香后取出沥干油。
4. 锅中留少许油，以小火爆香蒜末、红椒末、葱花，再放入碎虾米炒香，加入所有调料炒匀，再加入豆角及肥肠，炒至干香即可。

爆炒苹果鸡丁

材料

鸡胸肉150克，苹果丁80克，红椒片50克，葱段20克，姜末10克，食用油适量

调料

淀粉1小匙，盐1/8小匙，蛋清1大匙，甜辣酱2大匙，米酒1小匙，水淀粉1小匙，香油1小匙

做法

❶ 鸡胸肉洗净切丁后，用淀粉、盐、蛋清抓匀，腌制约2分钟。

❷ 热锅，加入约2大匙食用油，放入鸡丁大火快炒约1分钟，至八分熟即可捞出。

❸ 锅洗净后，热锅，加入1大匙食用油，以小火爆香葱段、姜末及红甜椒片，再加入甜辣酱、米酒及鸡丁炒匀。

❹ 再加入苹果丁，用大火快炒5秒后，加入水淀粉勾芡，最后淋上香油即可。

酱爆鸡丁

材料

鸡胸肉丁200克，红椒片10克，青椒片60克，姜末10克，蒜末10克，食用油适量

调料

蛋清1大匙，沙茶酱1大匙，水2大匙，淀粉、水淀粉、米酒、白糖、香油各1小匙，盐适量

做法

❶ 鸡胸肉丁加入少许盐、淀粉、蛋清抓匀后，腌制约2分钟备用。

❷ 锅中加适量食用油，加入鸡胸肉丁，以大火快炒约1分钟至八分熟，捞出备用。

❸ 另起锅，以小火爆香蒜末、姜末、红椒片及青椒片，再加入沙茶酱、盐、米酒、白糖及水，拌炒均匀。

❹ 接着加入鸡胸肉丁，以大火快炒5秒，再加入水淀粉勾芡，最后淋上香油即可。

辣子鸡

材料
鸡腿肉块400克，干辣椒10克，葱段30克，蒜末20克，食用油适量

调料
酱油1大匙，蛋清1大匙，淀粉2大匙，米酒1小匙，盐1小匙，花椒粉1/2小匙

做法
1. 取一容器，依序放入鸡腿肉块、酱油、蛋清、淀粉、米酒，抓匀备用。
2. 取一锅，倒入1/2锅的食用油，烧热至约160℃，将鸡肉一块一块放入油锅，炸至熟透，表面金黄干酥，起锅沥油备用。
3. 锅中留下少许食用油，加入干辣椒爆香至表面变色，再加入蒜末、葱段、鸡块、花椒粉、盐炒匀即可。

芒果鸡柳

材料
鸡胸肉200克，芒果1个，姜丝10克，食用油2大匙，红椒丝少许

调料
盐1/2小匙，番茄酱1大匙，白糖1/2小匙

腌料
盐、米酒、淀粉、胡椒粉、香油各少许

做法
1. 鸡胸肉洗净切细条即鸡柳，加入所有腌料腌制约15分钟；芒果去皮、去核切条，泡入热水。
2. 热锅中加入2大匙食用油，将鸡柳以大火快炒约2分钟至熟盛出，备用。
3. 锅中加入姜丝略炒，放入所有调料与鸡柳略炒，最后放入沥干水分的芒果条与红椒丝，轻轻拌炒均匀即可。

菠萝鸡片

材料
鸡胸肉140克，菠萝片120克，姜片5克，红椒片60克，食用油2大匙

调料
盐1/4小匙，白醋、番茄酱、水、蛋清各1大匙，白糖2大匙，水淀粉1/2大匙，香油、淀粉、米酒各1小匙

做法

❶ 鸡胸肉洗净切片后，用淀粉、蛋清、米酒抓匀腌制5分钟，然后加入1大匙食用油拌匀。

❷ 锅中加适量食用油，爆香姜片，接着加入鸡肉片，以大火快炒约30秒至鸡肉变白，再加入菠萝片、红椒片、盐、白醋、番茄酱、白糖和水，持续翻炒约1分钟。

❸ 再用水淀粉勾芡，最后淋入香油即可。

姜炒酒鸡

材料
土鸡750克，老姜80克，罗勒叶适量

调料
胡麻油100毫升，米酒1200毫升

做法

❶ 土鸡洗净切块；老姜洗净，去皮切片，备用。

❷ 锅烧热，加入胡麻油，再加入老姜片爆炒至起姜毛且略黄。

❸ 再加入土鸡块略炒。

❹ 再倒入米酒炖煮7~8分钟，盛出，最后撒上罗勒叶装饰即可。

绿豆芽炒鸡丝

材料
鸡胸肉丝150克，绿豆芽400克，青椒丝30克，红椒丝15克，蒜末10克，食用油2大匙

调料
盐1/3小匙，鸡精1/2小匙，白糖1/4小匙，白胡椒粉、香油各少许

腌料
米酒1大匙，盐少许，淀粉1/2大匙

做法
1. 鸡胸肉丝加腌料搅拌均匀，腌约10分钟，再放入热油锅中略过油，捞出沥油备用。
2. 热一锅，倒入食用油，放入蒜末爆香，放入洗净的绿豆芽、红椒丝、青椒丝快炒数下。
3. 再放入鸡胸肉丝、盐、鸡精、白糖、白胡椒粉拌炒均匀，最后淋上香油拌匀即可。

干锅鸡

材料
白斩鸡1/2只，蒜苗段10克，洋葱片20克，芹菜段20克，姜片20克，干辣椒段10克，啤酒1/2瓶，食用油2大匙

调料
辣豆瓣酱1大匙，蚝油、酱油、白糖各1小匙

腌料
盐1/4小匙，酱油1/2小匙，淀粉2小匙

做法
1. 白斩鸡剁块，加入腌料混合拌匀。将鸡块放入油锅煎至外观呈金黄色，盛起备用。
2. 继续于锅中放入姜片和干辣椒段略炒，加入辣豆瓣酱和鸡块炒约1分钟。
3. 加入啤酒和其余调料，以小火煮约10分钟至汤汁收干后，加入蒜苗段、芹菜段和洋葱片炒约1分钟即可。

栗子烧鸡腿

材料
去骨鸡腿排3支，熟栗子15颗，洋葱1/2个，蒜3瓣，葱1根，红椒1/3个，食用油适量

调料
酱油膏1大匙，酱油1小匙，水适量，白糖1小匙，香油1小匙，米酒1大匙，鸡精1小匙

腌料
淀粉1小匙，盐、白胡椒粉各少许，酱油1小匙

做法
1. 鸡腿排洗净切块，加入腌料腌约15分钟。
2. 洋葱去皮洗净切成小块；蒜与红椒洗净切片；葱洗净切小段，备用。
3. 热油锅，放入腌制好的鸡腿肉块，以中火煎至表面上色，加入做法2的材料爆香。
4. 再加入熟栗子炒匀，然后加入所有调料，烩煮均匀至汤汁略收干即可。

芹菜炒嫩鸡

材料
鸡胸肉2片，芹菜3根，葱2根，蒜2瓣，红辣椒1/2个，食用油1大匙

调料
香油、米酒各1小匙，盐、白胡椒、水各适量

腌料
淀粉1大匙，蛋清1个，米酒1小匙，盐少许，白胡椒粉少许，香油1小匙

做法
1. 将鸡胸肉洗净切成小片状，加入所有腌料腌制约15分钟，接着放入沸水中余烫约2分钟后，捞出沥干水分，备用。
2. 芹菜、葱洗净切成段；蒜、红椒洗净切成片。
3. 热一炒锅，加入1大匙食用油，放入做法2的所有材料以中火爆香，接着加入鸡胸肉片与所有调料，翻炒均匀即可。

干炒螃蟹

材料

三点蟹	2只
葱	2根
姜	20克
红椒	20克
西蓝花	1朵
食用油	适量

调料

淀粉	2大匙
盐	1/2小匙
白胡椒粉	1/4小匙
白糖	1/6小匙
米酒	2大匙

做法

❶ 三点蟹洗净剥开背壳，剪去腹部三角形的外壳，再剪去背壳上尖锐的部分，最后除去鳃后备用。

❷ 葱洗净切段；姜洗净切丝；红椒洗净切片，备用。

❸ 热油锅至约180℃，蟹肉均匀沾上一些淀粉后，放入油锅炸约2分钟至表面酥脆，起锅沥油。

❹ 锅中留少许食用油，以小火爆香葱段、红椒片、姜丝，再放入蟹肉炒匀。

❺ 加入盐、白胡椒粉、白糖、米酒，转中火翻炒均匀，盛入盘中，放上烫熟的西蓝花装饰即可。

干煎蒜味鸡腿

材料

去骨鸡腿1只，杏鲍菇2个，红甜椒1/3个，黄甜椒1/3个，蒜3瓣，食用油1小匙

调料

蒜香粉1小匙，黑胡椒、盐、米酒各少许

做法

1. 将去骨鸡腿洗净，使用餐巾纸吸干水分后切大块状，加入所有腌料，腌制约15分钟，备用。

2. 杏鲍菇洗净切片；红甜椒、黄甜椒洗净切片；蒜洗净切小片，备用。

3. 热锅，加入1小匙食用油，放入鸡腿排，将两面煎至熟，接着加入做法2的所有材料翻炒至熟，再以少许葱花（材料外）点缀即可。

酸菜炒鸭肠

材料

鸭肠150克，酸菜30克，芹菜20克，葱段10克，姜丝10克，红椒丝5克，食用油适量

调料

盐1大匙，白糖1/2小匙，米酒1大匙，香油1大匙

做法

1. 鸭肠洗净切段；酸菜洗净切丝；芹菜洗净切段，备用。

2. 热锅，加入适量食用油，放入葱段、姜丝、红椒丝、酸菜丝炒香，接着加入鸭肠、芹菜及所有调料快炒均匀至熟即可。

蚝油牛肉

材料
牛肉片180克，鲜香菇50克，葱段10克，姜片8克，红椒片5克，食用油适量

调料
嫩精、小苏打各1/8小匙，蛋清、蚝油、水各1大匙，淀粉、水淀粉、香油、酱油各适量

做法
❶ 牛肉片以少许酱油、嫩精、小苏打、淀粉、蛋清抓匀，腌20分钟，再加入1大匙食用油抓匀；鲜香菇焯烫后沥干切片。

❷ 牛肉片放入油锅里，炒至牛肉变白捞出。

❸ 锅底留油，小火爆香姜片、葱段、红椒片后放入鲜香菇片、蚝油、酱油及水炒匀，再加入牛肉片，以大火快炒约10秒后加入水淀粉勾芡炒匀，最后淋入香油即可。

滑蛋牛肉

材料
牛肉片300克，鸡蛋3个，葱段5克，蒜片5克，食用油适量

调料
水3小匙，盐适量

腌料
盐1/4小匙，酱油1/2小匙，淀粉2小匙

做法
❶ 鸡蛋加3小匙水及少许盐打散，备用。

❷ 牛肉片加腌料拌匀放置腌约30分钟备用。

❸ 热锅加食用油，放入牛肉片，快速炒开至变色，捞起沥油备用。

❹ 锅底留油，将鸡蛋液炒至半熟立刻捞起。

❺ 放入葱段、蒜片爆香，再放入牛肉片及鸡蛋，拌匀后加盐调味即可。

贵妃牛肋

材料
牛肋条500克，姜片50克，蒜10瓣，葱段20克，八角3粒，桂皮15克，水500毫升，食用油3大匙，上海青1棵

调料
米酒5大匙，辣豆瓣1大匙，番茄酱3大匙，白糖2大匙，蚝油2小匙

做法
1 将牛肋条洗净切成约6厘米长的长段，汆烫洗净。
2 锅内加入食用油，放入姜片、蒜、葱段，略炸成金黄色后放入辣豆瓣略炒。
3 加入牛肋条段、八角、桂皮，炒2分钟后加水和所有调料，烧至汤汁微收后盛盘。
4 将上海青洗净对切，放入沸水中略烫，再捞起放置盘边即可。

沙茶牛小排

材料
牛小排（去骨）200克，蒜末5克，洋葱80克，红椒40克，食用油2大匙

调料
沙茶酱1大匙，A1酱1/2小匙，水2大匙，盐1/4小匙，粗黑胡椒粉、白糖、水淀粉、香油各1小匙

做法
1 牛小排洗净切块；洋葱及红椒洗净切丝，备用。
2 热锅，倒入约2大匙食用油，放入牛小排以小火煎至牛肉两面微焦后取出，备用。
3 锅中留少许食用油，以小火爆香洋葱丝、红椒丝、蒜末，加入沙茶酱及粗黑胡椒粉略翻炒均匀，再加入A1酱、水、盐及白糖拌匀，再加入牛小排，中火炒约20秒，用水淀粉勾芡，淋上香油炒匀即可。

芦笋牛肉

材料
牛肉片、芦笋各100克，胡萝卜80克，姜丝20克，食用油适量

调料
淀粉、米酒、白糖各1小匙，嫩精1/6小匙，蛋清、酱油、水各1大匙，味噌酱2小匙

做法

1. 将牛肉片加淀粉、嫩精、酱油、米酒、蛋清腌5分钟；芦笋洗净切段；胡萝卜洗净切条。

2. 热锅，加入约2大匙油，放入腌制好的牛肉片用大火快炒约30秒至表面变白，捞起沥油备用。

3. 锅中留油，放入姜丝爆香，加入芦笋段、胡萝卜条、味噌酱、白糖和水，用小火煮1分钟，再放入牛肉片快炒约30秒后即可。

姜葱炒牛肉

材料
牛肉片300克，去皮姜60克，葱、食用油各适量

调料
米酒1大匙，蚝油1/2大匙，白糖1/2小匙，酱油1小匙

腌料
酱油1小匙，盐、白糖各1/4小匙，淀粉1大匙

做法

1. 牛肉片加入所有腌料拌匀备用。

2. 姜洗净切长方片；葱洗净切段，将葱白和葱绿分开，备用。

3. 热锅，倒入适量食用油加热，放入牛肉片翻炒至肉色变白，盛出。

4. 锅中倒入少许食用油加热，放入姜片、葱白煎至金黄，再放入牛肉片、葱绿和所有调料，以中火快炒2分钟即可。

孜然牛肉

📋 材料
牛肉200克，葱花60克，蒜末20克，干辣椒10克，食用油适量，香菜适量

🥄 调料
小苏打粉1/4小匙，淀粉1大匙，酱油1小匙，蛋清1大匙，盐1/4小匙，孜然粉1小匙，胡椒粉1/2小匙

🍲 做法
1. 牛肉切成长宽约2厘米的丁状，用小苏打粉、淀粉、酱油、蛋清抓匀腌制20分钟。
2. 将牛肉下入160℃的油锅里，以大火炸约30秒至表面干香后，起锅沥干油分。
3. 锅中留少许的食用油，以小火爆香葱花、蒜末及干辣椒，再放入牛肉炒匀。
4. 加入盐及孜然粉、胡椒粉炒匀，盛出装盘，撒上香菜装饰即可。

韭黄牛肉

📋 材料
牛肉200克，韭黄250克，红辣椒10克，蒜片10克，食用油适量

🥄 调料
盐1/4小匙，鸡精少许，米酒1/2大匙

🥄 腌料
米酒1小匙，鸡蛋液1大匙，酱油1/2小匙，淀粉少许

🍲 做法
1. 韭黄洗净切段；红辣椒洗净切圈，备用。
2. 牛肉洗净切丝，加入所有腌料腌约10分钟，放入油温80℃的油锅中过油至变色，取出沥油备用。
3. 热锅，加入1大匙食用油，放入蒜片爆香，再放入韭黄段、红椒圈炒软。
4. 最后放入牛肉丝与所有调料炒匀即可。

泡菜炒牛肉

材料

韩式泡菜100克，肥牛肉100克，蒜苗40克，姜末10克，食用油2大匙

调料

辣椒酱1大匙，酱油1小匙，白糖1小匙

做法

❶ 韩式泡菜切段；蒜苗洗净斜切成小片；肥牛肉洗净切薄片，备用。

❷ 热一锅，加入2大匙食用油，放入牛肉片及姜末以小火炒至牛肉散开变白。

❸ 锅中继续加入辣椒酱炒香，接着加入韩式泡菜、蒜苗、酱油、白糖，以大火翻炒约2分钟至汤汁收干即完成。

芥蓝炒羊肉

材料

羊肉片200克，芥蓝100克，姜丝10克，黑麻油1小匙，水10毫升

调料

盐1小匙，米酒适量

做法

❶ 芥蓝洗净，去除粗丝后切段，备用。

❷ 羊肉片略洗净，放入沸水中汆烫10秒后捞起沥干水，备用。

❸ 热锅，倒入黑麻油，放入姜丝煎至微黄且有香味，先放入芥蓝梗略炒，再放入水与芥蓝叶，翻炒至约六分熟。

❹ 继续于锅中放入羊肉片和米酒，以大火快炒至熟后加入盐拌匀即可。

虾仁茼蒿

材料
茼蒿400克，虾仁30克，姜末5克，冬菜10克，食用油适量，市售高汤100毫升

调料
盐1小匙，白糖少许，水淀粉1大匙，香油1小匙

做法

① 虾仁去肠泥洗净；茼蒿洗净；冬菜略洗，备用。

② 锅烧热，倒入少许食用油，以小火略炒姜末、冬菜及虾仁。

③ 再放入茼蒿、市售高汤、盐和白糖。

④ 继续以中火煮约2分钟，用水淀粉勾芡，最后淋入香油即可。

上海青烩百合

材料
鲜百合1朵，白果60克，蒜1瓣，红椒1/3个，上海青50克，食用油1大匙

调料
盐少许，酱油1/2小匙，蚝油1/2小匙，白糖少许

做法

① 鲜百合轻轻剥开，浸泡在水中清洗备用。

② 蒜、红椒洗净切成片状；上海青去蒂洗净切段备用。

③ 起一个炒锅，加入1大匙食用油烧热，放入做法2的材料以中火爆香。

④ 最后再放入百合、白果和所有调料，以中小火焖煮拌匀即可。

三杯杏鲍菇

材料
杏鲍菇300克，去骨鸡腿250克，姜片15克，蒜25克，干红辣椒15克，罗勒25克，麻油3大匙，食用油适量

调料
酱油2大匙，蚝油1大匙，米酒3大匙，白糖1小匙

做法
① 先将杏鲍菇洗净切片；鸡腿洗净切块；罗勒洗净；干红辣椒切段备用。
② 杏鲍菇片放入热油锅中，炸1分钟后捞起备用。
③ 取另一热锅，先加入麻油、姜片、蒜、红辣椒段爆香后，再放入鸡腿块炒至变色。
④ 放入杏鲍菇片和所有调料拌炒均匀，最后放入罗勒炒至入味即可。

塔香茄子

材料
茄子400克，红椒末15克，蒜末10克，姜末10克，罗勒叶10克，食用油适量

调料
酱油膏2大匙，白糖2小匙，水3大匙，香油1小匙

做法
① 茄子洗净后切条备用。
② 热锅，倒入约500毫升的食用油烧热至约180℃，将茄子下锅炸约1分钟定色后，捞起沥干油。
③ 锅中留约1大匙食用油，以小火爆香红椒末、蒜末及姜末，再加入酱油膏、水、白糖煮开。
④ 然后加入茄子，炒至汤汁略干后，加入罗勒叶炒匀，淋上香油即可。

碧玉金针

材料
猪肉50克，金针花20克，山药100克，枸杞子5克，蒜2瓣，食用油1大匙

调料
香油1大匙，盐少许，白胡椒粉少许

做法
1. 猪肉洗净切成细丝状；金针花剥开，花蕊摘除，再放入水中清洗干净备用
2. 山药去皮洗净切成条状；蒜去皮洗净切成片状备用；枸杞子洗净备用。
3. 起一个炒锅，加入1大匙食用油烧热，放入猪肉丝爆香。
4. 接着放入山药、蒜以中火翻炒均匀，再加入金针花、枸杞子和所有的调料一起翻炒均匀即可。

豆酥皮蛋

材料
皮蛋5个，葱2根，韭黄段100克，红椒末5克，蒜末10克，面粉3大匙，食用油适量

调料
豆酥120克，白糖1小匙，香油2大匙，盐、白胡椒粉、水各适量

做法
1. 皮蛋放入电饭锅中，以适量水蒸7~8分钟，取出去壳切块，放凉后轻轻裹上一层薄薄的面粉；热一油锅至120℃，放入皮蛋块以中火炸至形状固定，捞出沥干油脂。
2. 热锅加入香油，将豆酥以小火煸香；再加入少许香油，放入蒜末和红椒末爆香；加入皮蛋块、韭黄段略微拌炒，加水炒匀；再放入白糖、盐、白胡椒粉炒至入味，最后加入葱花快炒一下即可。

金沙豆腐

材料

板豆腐300克，咸蛋黄4个，红椒1个，葱花、香菜、食用油各适量

调料

淀粉45克，白糖1/6小匙

做法

① 将板豆腐洗净切成2厘米见方的小块；红椒洗净切末。

② 咸蛋黄蒸熟，用刀压成泥状备用。

③ 热油锅至约180℃，豆腐块均匀沾上淀粉后放入锅中，炸至金黄后捞起沥干油。

④ 锅中留下约2大匙食用油，将咸蛋黄泥放入锅中，加入白糖，转小火用锅铲不停搅拌蛋黄至起泡、有香味。

⑤ 加入炸豆腐块，快速翻炒再撒入葱花及红椒末翻炒匀，最后撒入香菜即可。

罗汉蛋豆腐

材料

蛋豆腐1盒，荷兰豆50克，金针5克，鲜香菇1朵，胡萝卜丝10克，黑木耳丝20克，姜丝5克，食用油适量，市售香菇高汤200毫升

调料

盐1/6小匙，白糖1/2小匙，水淀粉1大匙，香油1大匙

做法

① 荷兰豆洗净去粗丝；金针泡开水3分钟后沥干；鲜香菇洗净切丝，备用。

② 蛋豆腐切厚片，用沸水焯烫一下取出。

③ 锅烧热，倒入少许油，以小火炒香姜丝，加入做法1的所有材料及黑木耳丝、胡萝卜丝略炒。

④ 再加入市售香菇高汤、盐、白糖及蛋豆腐片炒匀，加入水淀粉勾芡，淋入香油即可。

红烧鱼

🐟 材料
鲜鱼1尾，姜丝15克，葱段20克，红辣椒圈10克，水250毫升，面粉少许，食用油适量

🥄 调料
白糖1小匙，陈醋1小匙，酱油2大匙，酱油膏1/2大匙

🥄 腌料
姜片10克，葱段10克，米酒1大匙，盐少许

🍳 做法
1. 鱼处理后干净，加入所有腌料腌约15分钟，将鱼身拭干抹上少许面粉。
2. 热锅，倒入稍多的食用油，待油温热至160℃，放入鱼炸约3分钟，取出沥干。
3. 锅中留约1大匙油，放入姜丝、葱段、红辣椒圈爆香，加入所有调料和水煮沸，放入鱼烧煮入味即可。

三鲜烩鱼片

🐟 材料
鲷鱼片200克，蛤蜊5个，蟹味棒3个，蒜2瓣，红椒1个，葱1根，水300毫升，食用油1大匙

🥄 调料
盐、白胡椒粉、水淀粉各少许，香油1小匙，米酒1小匙

🥄 腌料
米酒1小匙，盐、白胡椒粉各少许

🍳 做法
1. 将鲷鱼片加腌料，腌制约10分钟备用。
2. 将蛤蜊洗净；蟹味棒切小段，备用。
3. 将蒜、红椒和葱洗净都切成片状备用。
4. 取炒锅，加入1大匙食用油，放入做法3的所有材料以中火爆香。
5. 加入做法1、做法2的材料与所有调料和水煮沸，最后改转小火煮至汤汁略收即可。

PART 3

蒸煮卤炖

　　粉蒸肉、卤排骨这类菜品是中国人在餐厅里最喜欢点的蒸制品和卤制品，蒸煮菜因保留了食材原有的营养和口感，原汁原味而大受人们的欢迎，卤味菜因其香味浓郁、口感浓厚，是最好的下饭菜。但很少人会在家里制作这类菜品，因其繁杂的工序望而却步，本章就要教你有条不紊地搞定这些美味的"大菜"，让你知道其实餐厅菜也不是很难的哟！

粉蒸肉

材料
带皮五花肉200克，红薯100克，蒸肉粉2大匙，姜末1/2小匙，葱花少许

腌料
辣豆瓣酱1小匙，酱油1/2小匙，鸡精1/4小匙，白糖1/2小匙，绍兴酒1小匙

做法
1. 红薯去皮洗净切块，放入容器中垫底。
2. 带皮五花肉洗净切成2厘米厚片，加入所有调料和姜末抓匀，静置30分钟。
3. 将腌五花肉加入蒸肉粉拌匀，放入做法1的容器中，再放入电饭锅中蒸半个小时（外锅加入适量水），蒸好取出撒上葱花即可。

金瓜粉蒸排骨

材料
排骨300克，南瓜400克，姜末30克，花椒粒3克，葱花40克，水100毫升

调料
蒸肉粉60克，甜面酱1小匙，辣椒酱1大匙，胡椒粉1/2小匙，白糖1小匙，香菇精1小匙，米酒1大匙，香油2大匙

做法
1. 将南瓜不对称剖开，去籽洗净，边缘刻花边，即为盛装容器，备用。
2. 排骨洗净剁块，放入沸水中汆烫去血水后，与姜末、花椒粒及所有调料和水拌匀至收汁，再放入南瓜容器中。
3. 将南瓜盅放入蒸笼中，以大火蒸约半个小时，取出撒上葱花即可。

绍兴排骨

材料

猪小排500克，葱段20克，姜末25克，话梅4个，西蓝花1小朵，食用油2大匙，水600毫升

调料

蚝油100毫升，白糖3大匙，绍兴酒2大匙，水淀粉1大匙，香油1小匙

做法

① 猪小排剁块，汆烫至变色后洗净。

② 热锅加食用油，放入葱段与姜爆香，盛入汤锅铺底，放入猪小排块，加入蚝油、白糖、绍兴酒、水及话梅煮至沸腾。

③ 接着关小火，盖上锅盖，小火煮约50分钟至水收干至刚好淹到猪小排时，关火，挑除葱段和姜，均匀淋入水淀粉勾芡拌匀，最后淋上香油，盛出放上烫熟的西蓝花即可。

荷叶蒸排骨

材料

猪小排300克，荷叶1张，酸菜150克，红辣椒1个，葱花适量，蒸肉粉1包（小）

调料

白糖1小匙，酱油1大匙，米酒1大匙，香油1小匙

做法

① 猪小排洗净剁小块，汆烫去血水；荷叶洗净，放入沸水中烫软后，洗净擦干。

② 猪小排加调料及蒸肉粉拌匀，腌约5分钟。

③ 酸菜洗净，浸泡在冷水中约10分钟后切丝；红辣椒洗净切圈，备用。

④ 将红辣椒圈加入腌好的猪小排中拌匀。

⑤ 将荷叶铺平，放入一半猪小排后，放上酸菜丝，再放上剩余的猪小排，将荷叶包好后，放入蒸笼蒸约25分钟取出，撒上葱花即可。

鱿鱼珍珠丸

材料
干鱿鱼40克，猪绞肉300克，葱1/2根，姜10克，大米1碗，猪板油20克

腌料
酱油1大匙，盐1/2小匙，胡椒粉1/2小匙，米酒1大匙，香油1小匙，淀粉1大匙，鸡蛋1个

做法
1. 干鱿鱼洗净后剪成碎条状，泡水60分钟，捞起备用。
2. 大米洗净后泡水30分钟，捞起备用。
3. 猪板油切碎；鸡蛋打散成蛋液后过筛备用。
4. 将猪绞肉、干鱿鱼、板油碎与所有腌料一起拌匀成肉馅，分捏成数个大小适中的肉丸，将肉丸表面裹上大米，入锅蒸约15分钟即可。

荷叶鸡

材料
土鸡肉450克，荷叶150克，葱花、姜末各30克

腌料
蒸肉粉90克，辣椒酱、酱油、白糖各1大匙，米酒、香油各3大匙，水60毫升

做法
1. 土鸡肉洗净切成块，加入所有腌料拌匀备用。
2. 将土鸡肉块放入电饭锅，外锅加适量水，盖上锅盖，蒸约50分钟备用。
3. 荷叶泡水至软，裁切成适当大小，包入土鸡肉块，卷成圆筒状。
4. 将包好的荷叶鸡放入碗中，再放入电饭煲中，外锅加适量水（分量外），盖上锅盖，按下开关，蒸约20分钟，盛盘后以香菜叶（材料外）装饰即可。

乌龙熏鸡

材料
鸡1只，葱段20克，蒜2瓣，锡箔纸1张，大米30克，乌龙茶叶3大匙，白糖3大匙，香油2大匙

调料
盐、酱油、米酒各2大匙，白胡椒粉1/2小匙

做法

1. 将鸡洗净后，加入调料、葱、蒜一起腌制2个小时后，挑出葱、蒜，鸡放入蒸笼里，以大火蒸煮45分钟后取出备用。

2. 取一锅，将锡箔纸铺于锅底，然后放入大米、乌龙茶叶、白糖。

3. 于锅中架上铁网架，再将鸡放于铁网架上后，盖上锅盖，但是锅盖边缘要用湿布盖住缝隙，以中火加热约1分钟，等到有白烟从边缘冒出来的时候，转小火继续熏1分钟后，取出鸡并涂上香油即可。

花雕蒸全鸡

材料
土鸡1只，洋葱丝30克，葱段10克，姜片6片，红葱头30克，花雕酒300毫升，生菜叶适量

调料
盐1大匙，白糖1小匙

做法

1. 将土鸡从背部剖后开洗净备用。

2. 取一容器，放入洋葱丝、葱段、姜片、红葱头、所有调料和花雕酒，用手抓匀至香味溢出。

3. 将土鸡抹上做法2中的材料，抹匀，放入冰箱静置3个小时。

4. 取一盘，放入土鸡后入锅蒸约50分钟，取出放凉剁小块，盘底铺上洗净的生菜，盛盘即可。

清蒸鳕鱼

材料

鳕鱼200克，葱丝10克，红椒丝5克，姜丝5克，蒜片10克

调料

米酒2大匙，盐少许，白胡椒少许，蚝油1小匙，香油1大匙

做法

1. 将鳕鱼洗净，再使用餐巾纸吸干水分，放入盘中。
2. 取容器，加入所有调料，一起轻轻搅拌均匀，并铺盖在鳕鱼上。
3. 将葱丝、红椒丝、姜丝和蒜片放至鳕鱼上，盖上保鲜膜，放入电饭锅中，外锅加入适量水蒸至开关跳起。
4. 取出蒸好后的鳕鱼，再淋上加热了的香油（分量外）以增加香气即可。

豆豉蒸鱼

材料

虱目鱼肚200克，蒜片5克，红辣椒圈3克，葱段5克，姜片5克，罗勒2棵

调料

黑豆豉1大匙，香油1小匙，白糖1小匙，盐1小匙，白胡椒粉1小匙

做法

1. 将虱目鱼肚洗净，再使用餐巾纸吸干表面水分，放入盘中。
2. 取容器，加入所有的调料一起轻轻搅拌均匀，铺盖在虱目鱼肚上。
3. 将蒜片、红辣椒圈、葱段、姜片和罗勒叶放至虱目鱼肚上，盖上保鲜膜，放入电饭锅中，外锅加入适量水蒸至开关跳起即可。

葱烧鱼片

材料
鱼肉1片，姜20克，葱2根，红椒1个，淀粉2大
匙，食用油1大匙

调料
酱油膏1小匙，酱油1小匙，鸡精1小匙，白糖少
许，香油1小匙

腌料
米酒1小匙，盐、白胡椒粉各少许

做法
1. 将鱼片洗净，再加入腌料中的所有材料腌
   制约10分钟，再沾上淀粉，备用。
2. 姜洗净切去皮成片；葱洗净切成段；红椒
   洗净切成丝，备用。
3. 锅中加适量食用油，爆香做法2的辛香料。
4. 继续加入所有调料烩煮一下，最后再加入
   鱼片，煮至鱼肉上色略收汁即可。

泰式柠檬鱼

材料
鲈鱼1尾，蒜末15克，辣椒末15克，姜丝10克，
葱丝10克，洋葱丝25克，香菜少许，柠檬片
少许

调料
鱼露1.5大匙，柠檬汁1大匙，白糖1大匙

做法
1. 银花鲈鱼处理后洗净，在鱼身上划3刀，抹
   上少许盐（分量外）备用。
2. 所有调料与蒜末、辣椒末混合拌匀成酱汁
   备用。
3. 取长盘放入姜丝、葱丝，再放上鲈鱼，在
   鱼身上放上洋葱丝，淋上酱汁。
4. 再放入已滚沸的蒸锅中，以大火蒸约15分
   钟，熄火后放入柠檬片与香菜即可。

蒜蓉蒸虾

材料

草虾8尾，蒜末15克，葱花10克，食用油适量

调料

酱油1大匙，开水1小匙，白糖1小匙

做法

1. 草虾洗净，剪掉长须后用刀从虾头对剖至虾尾处，留下虾尾不要剖断，去掉肠泥后排放至盘子上备用。

2. 调料放入小碗中混合成酱汁备用。

3. 蒜末放入碗中，冲入烧热至约180℃的食用油做成蒜油，淋在草虾上，盖上保鲜膜后移入蒸笼大火蒸4分钟取出，撕去保鲜膜，淋上酱汁、撒上葱花即可。

鲜虾粉丝煲

材料

草虾10尾，粉丝1把，姜片3克，蒜片8克，洋葱丝20克，红椒片3克，猪绞肉50克，上海青2棵，面粉10克，食用油适量，水400毫升

调料

沙茶酱2大匙，白糖1小匙，白胡椒粉、盐各少许

做法

1. 草虾洗净；粉丝泡入冷水中软化后沥干。

2. 草虾裹上薄面粉，放入190℃的油锅炸至外表呈金黄色时捞出沥油备用。

3. 锅中留适量食用油烧热，放入姜片、蒜片、洋葱丝、红椒片及猪绞肉以中火爆香后，加入所有调料、水、粉丝、草虾和上海青，以中小火烩煮约8分钟，撒上香菜（材料外）即可。

封肉

📋 材料

五花肉	650克
葱	2根
姜	10克
蒜	6瓣
红椒	1个
八角	2粒
韭菜段	适量
食用油	适量
水	1500毫升

🍶 调料

酱油	2大匙
盐	1大匙
冰糖	1大匙
米酒	3大匙

📅 做法

❶ 将五花肉放入沸水中，煮约25分钟至定型，取出修成长方形。

❷ 将五花肉抹上少许的酱油（分量外）。

❸ 将抹好酱油的五花肉放入160℃的油锅中略炸，捞起备用。

❹ 锅烧热，加入少许食用油，放入葱、姜、蒜、红椒及八角，下锅炒香，再加入所有调料和水煮匀。

❺ 再加入炸五花肉，卤约90分钟至上色入味，盘底铺上烫熟的韭菜段，装盘即可。

葱油牡蛎

材料
牡蛎150克，葱1根，姜5克，红椒1/2个，香菜、淀粉、食用油各适量

调料
鱼露2大匙，米酒1小匙，白糖1小匙，香油1小匙

做法
1. 牡蛎洗净沥干，均匀沾裹上淀粉，放入热水中氽烫至熟后捞起摆盘。
2. 葱、姜、红椒洗净切丝后全放入清水中浸泡至卷曲，再沥干放在牡蛎上。
3. 热锅加入食用油及所有调料拌炒均匀，淋在葱丝上，再撒上香菜即可。

豆酱烧小卷

材料
鱿鱼小卷200克，红椒1个，姜20克，葱1根，食用油适量

调料
黄豆酱3大匙，白糖1小匙，米酒1大匙

做法
1. 鱿鱼小卷洗净沥干；红椒、葱洗净切丝；姜洗净切末，备用。
2. 热锅，加入少许食用油，以小火爆香姜末后，放入所有调料，待煮沸后放入鱿鱼小卷。
3. 等做法2的材料煮沸后，转中火煮至汤汁略收干，关火装盘，最后撒上红椒丝、葱丝即可。

烟熏中卷

材料
鱿鱼中卷3尾，姜片5克，洋葱1/4个，葱末、红椒丝、芹菜叶各少许

熏料
茶叶10克，白糖5大匙，盐1小匙

做法

① 鱿鱼中卷洗净，备用；洋葱切丝。

② 取锅加入可盖过鱿鱼中卷的水量，放入姜片与洋葱丝煮沸（去腥使用），再将鱿鱼中卷放入，快速氽烫过水，备用。

③ 取锅，铺上铝箔纸，放入所有的熏料，放入网架，放上鱿鱼中卷，盖上锅盖。

④ 开大火烟熏，待锅盖边缘冒出微烟，接着冒出浓烟时，改转小火，熏约10分钟至鱿鱼中卷呈金黄色后取出，待凉后切片盛盘，撒上葱末、红椒丝和芹菜叶即可。

粉丝蒸扇贝

材料
扇贝4个，粉丝10克，蒜8瓣，葱2根，姜20克，食用油适量

调料
蚝油、酱油各1小匙，水2小匙，白糖1/4小匙，米酒1大匙

做法

① 葱、姜、蒜皆洗净切末；粉丝泡冷水约15分钟至软化；扇贝挑去肠泥、洗净、沥干水分后，整齐排在盘上，备用。

② 在每个扇贝上先铺少许粉丝，洒上米酒及蒜末，放入蒸锅中以大火蒸5分钟至熟，取出，再把葱末、姜末铺于扇贝上。

③ 热锅，加入适量食用油烧热后，淋至扇贝的葱末、姜末上，再将蚝油、酱油、水及白糖混匀煮开后淋在扇贝上即可。

蒜味蒸孔雀贝

材料

孔雀贝300克，罗勒3棵，姜10克，蒜3瓣，红椒1/3个

调料

酱油1小匙，香油1小匙，米酒2大匙，盐少许，白胡椒粉少许

做法

1. 孔雀贝洗净，放入沸水中余烫备用。
2. 姜、蒜、红椒都洗净切片；罗勒洗净。
3. 取一个容器，加入所有的调料，再混合拌匀备用。
4. 将孔雀贝放入盘中，再放入做法2的所有材料和做法3的调料。
5. 用耐热保鲜膜将盘口封起来，再放入电饭锅中，于外锅加入适量水，蒸约15分钟至熟即可。

红烧海参

材料

海参2条，去壳鹌鹑蛋10个，虾米1小匙，葱段20克，蒜末1/2小匙，高汤300毫升，荷兰豆10个，胡萝卜片20克，食用油适量

调料

豆瓣酱1小匙，蚝油1大匙，盐1/4小匙，白糖1/2小匙，酒1小匙，香油1小匙，水淀粉1大匙

做法

1. 海参洗净切条，余烫；荷兰豆洗净。
2. 取一锅，加入少许食用油，放入虾米、葱段、蒜末爆香，炒约1分钟后放入豆瓣酱略炒，再加入高汤、海参和其余调料（水淀粉除外），以小火煮约10分钟。
3. 捞掉葱段，放入鹌鹑蛋、胡萝卜片煮约3分钟后加入荷兰豆炒熟，再以水淀粉勾芡即可。

干贝扒芥菜

材料
芥菜4棵，大干贝6颗，市售高汤300毫升

调料
蚝油1大匙，盐1/4匙，胡椒粉1/4小匙，香油1小匙，水淀粉1.5大匙

做法
1. 将芥菜叶片剥下，逐一洗净，放入沸水中焯烫至软；大干贝浸泡在冷水中过夜，隔天再将干贝抓散。
2. 另取锅，放入芥菜，加入200毫升市售高汤以小火煮软后盛盘。
3. 继续加入100毫升的市售高汤、全部调料（香油和水淀粉除外）和干贝丝煮匀，以水淀粉勾芡，加入香油拌匀后，淋至芥菜上即可。

蚝油芥蓝

材料
芥蓝200克，鲜香菇100克，食用油1大匙

调料
蚝油1大匙，冷开水1大匙，香油1小匙，盐1/4小匙

做法
1. 鲜香菇洗净切片；芥蓝洗净挑出嫩叶，剥去较老的菜梗粗丝后切小段，备用。
2. 煮一锅沸水，加入食用油及盐，放入芥蓝段及鲜香菇片，焯烫约1分钟，捞起沥干盛盘备用。
3. 将蚝油、冷开水及香油拌匀成酱汁，再淋至盘上即可。

客家酿苦瓜

材料

苦瓜450克，猪绞肉200克，红椒末30克，虾米末15克，姜末20克，食用油适量

调料

酱油1/2小匙，盐1/4小匙，白糖1/4小匙，白胡椒粉1/2小匙，米酒1大匙，淀粉1大匙，香油1小匙

做法

① 苦瓜洗净，切圆筒状，内部挖空洗净。

② 猪绞肉放入容器中，放入红椒末、虾米末和姜末拌匀，再加入所有调料拌匀，用手摔打出筋备用。

③ 取适量的猪绞肉，塞入苦瓜筒内，重复此做法至材料用尽。

④ 锅加油烧热，放入做法3的苦瓜筒，干煎至两面金黄，再加入少许水盖上锅盖，焖煮至熟即可。

茶碗蒸

材料

鸡蛋2个，鸡肉2小块，虾（去壳留尾）2尾，新鲜百合20克，白果4颗，水300毫升，秋葵片少许

调料

酱油1/3小匙，味醂1/3小匙，盐1/4小匙，鸡精1/4小匙

做法

① 将鸡蛋加入水及调料拌匀，过筛网备用。

② 将鸡肉和虾肉加入少许酱油、味醂（分量外）拌匀，放入碗中，加入新鲜百合和白果，再倒入蛋液至八分满。

③ 将蛋液放入冒蒸汽的蒸锅中，盖锅盖以大火蒸3分钟，将锅盖开一小缝隙放上秋葵片再改转中火蒸10分钟，至蛋液凝固即可。

银鱼豉油豆腐

材料
板豆腐2块，银鱼50克，葱花1大匙，食用油适量

调料
酱油1大匙，凉开水1大匙，白糖1/2小匙，香油1大匙

做法
1 板豆腐洗净擦干，用刀切去表面的一层硬皮备用。

2 银鱼洗净沥干，放入160℃的油锅中，炸至表面呈酥脆状后捞起沥干。

3 将板豆腐放入蒸锅中，蒸约3分钟后，倒出沥干水分。

4 将银鱼、葱花依序放至板豆腐上，并淋上拌匀的调料即可。

百花酿豆腐

材料
板豆腐2块，虾仁150克，蛋清1/2个，葱花1小匙，淀粉适量

调料
盐1小匙，香油适量，日式柴鱼酱油1大匙

腌料
盐、米酒、淀粉、胡椒粉、香油各少许

做法
1 板豆腐切成8等份；虾仁洗净，拍成泥。

2 虾泥加入盐，打至黏稠，加入蛋清、淀粉和腌料拌匀成虾泥馅。

3 板豆腐块中间挖小洞，将虾泥馅挤成球形，沾上适量淀粉（分量外），填入豆腐洞里，上锅蒸约8分钟至熟取出，撒上葱花并淋上香油、柴鱼酱油即可。

红咖喱酿豆腐

材料
四角油豆腐6块，素火腿10克，竹笋10克，香菇1朵，青豆6颗，胡萝卜5克，上海青适量，水300毫升

调料
素红咖喱酱1大匙，白糖1小匙，胡椒粉少许，香油1大匙

做法
1. 素火腿、香菇、竹笋、胡萝卜洗净切成末状，混合备用。
2. 油豆腐中间挖空，塞入做法1的材料及青豆。
3. 锅中放入油豆腐包及所有调料和水，以小火焖煮至汤汁略干、入味即可。
4. 盛盘后搭配焯烫熟的上海青围边即可。

文思豆腐

材料
盒装豆腐1盒，笋丝50克，胡萝卜丝30克，上海青丝10克，黑木耳丝20克，高汤300毫升

调料
盐1/4小匙，白糖1小匙，白胡椒粉1/8小匙，香油1小匙

做法
1. 豆腐切丝，取一锅，加入200毫升高汤，将豆腐丝放入略煮，浸泡入味，捞出后沥干汤汁装碗。
2. 取剩余高汤煮开，加入所有调料（香油除外）与其他材料煮开后，倒入碗中，接着洒上香油拌匀即可。

绍兴酒蛋

材料
鸡蛋2个

调料
绍兴酒60毫升，水40毫升，当归1克，枸杞子1克，盐适量，白糖1/4小匙

做法

1. 当归切小片，与少量盐、水、白糖和枸杞子小火煮开约1分钟后放凉，待汤汁凉后倒入绍兴酒成酒汁备用。
2. 汤锅中加入约1200毫升水(水量要足以盖过鸡蛋)，放入2大匙盐，放入鸡蛋，用中火煮至水开后开始计时，4分钟后取出鸡蛋立即用冷水冲凉。
3. 泡水至鸡蛋凉后将蛋壳剥除，放入酒汁中浸泡冷藏1天即可。

酱烧肉块

材料
五花肉450克，洋葱块100克，蒜10瓣，水1200毫升，食用油适量

调料
甜面酱3大匙，冰糖、酱油各2大匙，黄酒3大匙

卤包
八角2粒，桂皮5克，甘草5克

做法

1. 将五花肉洗净切块。
2. 热油锅，放入洋葱块、蒜炒香，再放入五花肉块炒香，续放入甜面酱和其余调料炒香。
3. 将锅中所有材料移入炖锅，倒入水，再放入卤包用大火煮沸。
4. 转小火，盖上锅盖，再煮约30分钟，煮至汤汁浓稠即可。

焢肉

材料
五花肉600克，水煮蛋2个，西蓝花2小朵，红椒段、花椒各5克，姜30克，红葱头、蒜各40克，葱段、八角各10克，食用油适量，水800毫升

调料
酱油300毫升，白糖4大匙

做法
1. 水煮蛋去壳；五花肉洗净，备用。
2. 热油锅，小火爆香红葱头、姜、蒜、红椒段和葱段，八角以及花椒放入棉布袋和调料、水一起放入锅中，熬煮即成焢肉卤汁。
3. 五花肉入沸水焯烫20分钟，捞出冲凉，切成1.5厘米的厚片，同水煮蛋一起放入锅中。以小火卤约1个小时，盖上锅盖焖约1个小时，放入烫熟的西蓝花装饰即可。

桂竹笋卤肉

材料
五花肉400克，福菜60克，桂竹笋300克，蒜5瓣，葱段15克，水700毫升，食用油2大匙

调料
酱油50毫升，米酒1大匙，白糖1/2大匙，白胡椒粉少许

做法
1. 五花肉洗净切块；福菜泡水后洗净切段。
2. 桂竹笋洗净切段，放入沸水中焯烫约3分钟，捞起沥干水分，备用。
3. 热锅，加入食用油，放入蒜及葱段爆香，再放入五花肉块炒至肉色变白，表面微焦，放入所有调料炒香。
4. 将福菜、桂竹笋、水和做法3的材料一起放入电饭锅内锅，外锅加适量水，蒸煮至开关跳起，焖10分钟即可。

双冬卤肉

材料

胛心肉400克，花菇8朵，竹笋块200克，葱段15克，水800毫升，食用油2大匙

调料

酱油50毫升，蚝油1大匙，冰糖、米酒各2大匙

做法

❶ 胛心肉洗净切块；花菇洗净、泡软，再沥干去梗后备用。

❷ 热锅加入食用油，放入葱段爆香后加入花菇炒香，再放入胛心肉块炒至变色，接着放入竹笋块和调料炒匀。

❸ 将做法2的材料和水放入电饭锅内锅，外锅加适量水，煮至开关跳起，焖10分钟即可。

红烧肉

材料

五花肉600克，蒜苗段20克，红椒段5克，水800毫升，食用油适量

调料

酱油、蚝油各3大匙，白糖1大匙，米酒2大匙

做法

❶ 五花肉洗净切块，炸至上色后，捞出。

❷ 热锅，加入2大匙食用油，爆香蒜苗白、红椒段，再放入五花肉块与所有调料拌炒均匀，并炒香。

❸ 继续加入800毫升的水（注意水量需盖过肉）煮沸，盖上锅盖，再转小火煮约50分钟，至汤汁略收干，最后加入蒜苗尾烧至入味即可。

葱烧肉

📋 材料
五花肉300克，洋葱100克，红葱头50克，姜30克，红椒2个，食用油2大匙，水800毫升

📋 调料
酱油3大匙，米酒50毫升，白糖2大匙

📋 做法
① 五花肉洗净氽烫后切小块；洋葱洗净切丝；红葱头洗净切小片；姜及红椒洗净切丝备用。

② 热锅加入食用油，以小火爆香洋葱丝、红葱头片、姜丝和红椒丝，放入五花肉块以中火炒至肉块表面变白，再加入酱油、米酒、白糖和水拌匀。

③ 继续以大火煮沸后转小火，焖煮约40分钟至汤汁略盖过肉即可。

苦瓜烧肉

📋 材料
五花肉300克，苦瓜1条，葱段10克，姜末10克，红椒末10克，八角2粒，食用油适量，水800毫升

📋 调料
酱油2大匙，鸡精1小匙，白糖1小匙，米酒1大匙，香油1大匙，盐适量

📋 做法
① 五花肉洗净切块，放入油锅中以中火爆炒至肉色变白且干香后，取出沥油；苦瓜洗净去籽切块状，备用。

② 葱段、姜末、红椒末及八角放入油锅中，利用猪油爆香，再加入五花肉块、苦瓜块及所有调料和水焖煮30分钟即可。

经典卤猪排

材料

猪肉排	2片(约240克)
蒜泥	15克
红薯粉	40克
红葱	40克
姜	30克
蒜	40克
八角	10克
花椒	5克
葱丝	适量
红椒丝	适量
食用油	适量

调料

盐	1/2小匙
五香粉	1/4小匙
米酒	1小匙
蛋清	1/2个
酱油	300毫升
白糖	4大匙
水	适量

做法

❶ 猪肉排用肉槌拍松后用刀切断筋膜，猪肉排放入碗中，加入少许水、五香粉、盐、米酒、蛋清和蒜泥拌匀腌制30分钟。

❷ 将腌好的猪肉排加入红薯粉拌成稠状。

❸ 热一油锅，待油温烧热至约180℃，放入猪肉排，以中火炸约5分钟至表皮金黄酥脆，捞出沥干油。

❹ 另热一锅下少许食用油，将红葱、姜及蒜洗净拍破后下锅小火爆香，加入少许水、白糖、酱油、花椒、八角，煮开后关小火煮约10分钟成卤汁。

❺ 将猪肉排放入锅中，以小火煮约3分钟后关火泡5分钟，捞出沥干卤汁，放上葱丝和红椒丝即可。

酱烧腱子

材料
猪腱子600克，葱段10克，红椒末10克，水800毫升，食用油1大匙，西蓝花2朵

调料
豆瓣酱1大匙，酱油4大匙，米酒2大匙，白糖1大匙

做法
1. 先将猪腱子洗净备用。
2. 取一油锅，加入1大匙食用油烧热，放入葱段、红椒末先爆香，再放入调料、水和猪腱子，烧煮至入味。
3. 待放凉后取出装入保鲜盒中，放入冰箱冷藏约1天，食用前再切片，用烫熟的西蓝花装饰即可。

富贵猪脚

材料
猪脚1只，水煮蛋6个，葱1根，姜20克，水适量，食用油适量

调料
酱油适量，白糖2大匙

做法
1. 猪脚洗净切块，以热水冲洗干净；葱洗净切段；姜洗净切片；水煮蛋剥壳，备用。
2. 电饭锅外锅洗净，按下开关加热，锅热后放入少许食用油，再加入猪脚煎到皮略焦黄。
3. 将葱段、姜片、酱油、白糖、水及水煮蛋放入锅中后，盖上锅盖，按下开关煮约40分钟后开盖，取出摆盘即可。

茶香卤猪脚

材料
猪脚900克，茶叶5克，热开水、上海青各适量

调料
酱油180毫升，米酒30毫升，冰糖、盐各少许

卤包
八角1粒，桂皮3克，花椒粒1克

做法

1. 把猪脚洗净切块后放入沸水中氽烫约5分钟，捞出泡冰水待凉，备用。

2. 取一砂锅，把猪脚放入，接着加入八角、桂皮、花椒粒、所有调料，煮出香味后加适量热开水，煮约1.5个小时。

3. 再放入茶叶煮约5分钟，关火后再闷约10分钟，上海青焯烫熟搭配猪脚一起食用即可。

香卤元蹄

材料
猪蹄髈1个，上海青3棵，姜块30克，葱段10克，市售卤包1个，水800毫升，食用油适量

调料
酱油150毫升，白糖3大匙，绍兴酒5大匙

做法

1. 先将猪蹄髈洗净，放入沸水中氽烫去除血水，再涂少许酱油放凉。

2. 将猪蹄髈放入锅中，以中油温(160℃)炸至上色。

3. 取一锅，将姜块、葱段、水、卤包和调料放入锅中煮至沸腾，再将炸过的蹄髈放入，以小火煮约90分钟后取出装盘。

4. 将上海青放入沸水中焯烫，再放至盘边装饰，最后于猪蹄髈上淋上卤汁即可。

红烧蹄筋

材料
猪蹄筋（泡发好）300克，竹笋2根，胡萝卜200克，蒜2瓣，食用油适量

调料
酱油2大匙，白糖1大匙，水适量，盐少许

做法
1. 蒜去皮洗净切碎；竹笋及胡萝卜去皮洗净切滚刀块，备用。
2. 笋块及胡萝卜块一起放入沸水中焯烫去涩备用。
3. 热锅，加少许食用油，爆香蒜碎，再放入蹄筋拌炒均匀。
4. 加入所有调料煮沸后改以小火烧约25分钟。
5. 再加入笋块及胡萝卜块，继续烧15分钟至收汁即可。

卤大肠

材料
猪大肠450克，葱末40克，姜末20克，红辣椒丝10克，食用油适量，水1200毫升

调料
盐2大匙，酱油1大匙，米酒4大匙，冰糖2大匙

卤包
八角、丁香、甘草、小茴香各适量

做法
1. 猪大肠洗净后放入有葱、姜、米酒（分量外）的沸水中焯烫，备用。
2. 热锅，倒入少许食用油，放入葱末、姜末、红辣椒丝以中大火炒香，再放入所有调料、水及卤包拌匀，待煮沸后放入猪大肠，用中小火卤约40分钟，盛出撒上香菜和红椒丝（皆材料外）即可。

菠萝鸡

材料
鸡腿肉600克，姜片15克，菠萝150克，芦笋段30克，水700毫升，食用油1大匙

调料
生抽2大匙，米酒2大匙，味醂2大匙，白糖少许，盐1/2小匙

做法
① 菠萝去皮切块；鸡腿肉洗净，氽烫一下切片。
② 热锅，加1大匙食用油，放入姜片爆香，再放入鸡腿肉拌炒，加入调料炒香。
③ 放入菠萝块，加水煮沸，转小火煮25分钟，放入芦笋段煮熟即可。

卤鸡腿

材料
鸡腿5只，葱段30克，姜片适量，红辣椒15克，水800毫升，西蓝花适量

调料
辣椒酱1大匙，酱油3大匙，盐少许，米酒2大匙

做法
① 鸡腿洗净。锅中放入清水、姜片煮沸，倒入米酒。
② 将鸡腿放入锅中焯烫，捞起，放入冷水中洗净。
③ 鸡腿放入电饭锅内锅，加入葱段、红辣椒和其余调料及水。
④ 外锅加适量水，煮至开关跳起，再焖10分钟，盛出用烫熟的西蓝花装饰即可。

广式油鸡腿

材料

鸡腿1只，姜1小段，葱2根，红椒1个，市售卤包1个，食用油1大匙，西蓝花2小朵，水500毫升

调料

白糖1大匙，米酒2大匙，辣豆瓣酱1小匙，鸡精1小匙，酱油1大匙，盐1小匙

做法

❶ 先将鸡腿洗净，再放入沸水中氽烫备用。

❷ 姜去皮洗净切成片；葱与红椒洗净切成段备用。

❸ 取一炒锅，先加1大匙食用油，再加入做法2的材料以中火先爆香，继续放入所有调料、水、卤包与鸡腿，加盖以中火煮约25分钟，将卤好的鸡腿放凉切厚片，用葱丝、姜丝、红椒圈（皆材料外）和烫熟的西蓝花装饰即可。

照烧鸡腿

材料

大鸡腿1只，姜20克，蒜3瓣，洋葱1个，熟白芝麻1小匙，食用油1大匙，水350毫升

调料

白糖1大匙，米酒2大匙，味醂1大匙，酱油3大匙，盐少许，黑胡椒少许

做法

❶ 将大鸡腿洗净，放入沸水中氽烫去血水，备用。

❷ 姜、蒜去皮洗净切片；洋葱洗净切丝。

❸ 热一炒锅，加入1大匙食用油，接着加入做法2的所有材料以中火爆香。

❹ 在锅中加入所有的调料和水，接着加入鸡腿，盖上锅盖，以中火煮约15分钟，取出后撒上熟白芝麻，用黄瓜片和圣女果片（皆材料外）装饰即可。

辣鸡胗

材料
鸡胗300克，姜片15克，葱段15克，花椒粒5克，蒜末、姜末、红椒圈、葱末各10克

调料
辣椒酱1大匙，盐1/4小匙，白糖1/2小匙，白醋、香油、辣油各少许

做法
1 鸡胗洗净，放入沸水中氽烫取出，备用。
2 取一锅，加水煮沸，放入姜片、葱段、花椒粒，再放入鸡胗、1大匙米酒（材料外）煮熟，捞出后浸泡在冰水中。
3 鸡胗加入调料，放入蒜末、姜末、红椒圈和葱末搅拌均匀即可。

卤七里香

材料
鸡屁股300克，姜片10克，葱段10克，干辣椒5克，八角2粒，桂皮5克，水800毫升，食用油2大匙

调料
酱油100毫升，麦芽糖60毫升，米酒50毫升

做法
1 鸡屁股洗净，放入沸水中氽烫约5分钟，泡水除去多余杂毛，备用。
2 热锅，加入2大匙食用油，放入姜片及葱段爆香，再放入干辣椒、八角及桂皮炒香。
3 继续于锅中放入鸡屁股拌炒，再加入所有调料炒香，加入水煮沸后，转小火煮约30分钟，再熄火浸泡30分钟即可。

酱卤鸭

材料
全鸭1只，西蓝花2小朵，草果1颗，八角8克，甘草10克，陈皮10克，花椒5克，水1500毫升，月桂叶3克，葱3根，姜20克，食用油4大匙

调料
酱油500毫升，白糖250克，米酒100毫升

做法
1. 全鸭洗净；葱、姜洗净拍松备用。
2. 草果拍碎和八角、甘草、陈皮、花椒、月桂叶一起放入棉质卤袋中包好备用。
3. 热锅加适量食用油，爆香葱、姜，加入其余调料、水和卤包，煮沸后放入全鸭，待煮沸后转小火持续滚沸，不时翻动全鸭使其均匀受热，待卤汁蒸发收干至呈浓稠状，盛出切片，摆上烫熟的西蓝花装饰即可。

冰糖鸭翅

材料
鸭翅900克，姜片15克，葱段15克，八角2粒，干辣椒5克，桂皮10克，水1200毫升，食用油2大匙，生菜叶2片

调料
冰糖3大匙，酱油150毫升，米酒50毫升

做法
1. 鸭翅洗净，放入沸水中汆烫约5分钟后捞出，泡水并去除多余杂毛。
2. 热锅，加入2大匙食用油，放入姜片、葱段爆香，加入冰糖炒香并炒至变色。
3. 继续加入其余调料、水，放入八角、桂皮和干辣椒煮沸后放入鸭翅，以小火煮约1个小时，再焖约15分钟，盛出装盘，用生菜叶做装饰即可。

PART 4

酥炸烧烤

　　酥炸和烧烤食物一上桌就是香气十足，外酥内嫩的口感也引人蠢蠢欲动，但是炸物和烤物给大家的印象是麻烦，所以一般家庭比较少做。其实只要你准备好配料，掌握好制作的时间及温度，酥炸和烧烤是最简单不过的了，本单元把餐厅受欢迎的酥炸和烧烤美食的秘诀全都教给你，快来动手试试吧！

经典炸猪排

材料

猪肉排240克，葱段20克，姜块20克，蒜泥15克，红薯粉100克，生菜叶、食用油各适量

调料

酱油1大匙，白糖1小匙，甘草粉1/4小匙，五香粉1/4小匙，米酒1大匙，水3大匙

做法

1. 猪肉排洗净用肉槌拍松断筋。
2. 葱段及姜块拍松放入大碗中，加入水和米酒，抓出汁后挑去葱段和姜块，加入蒜泥和其余调料，拌匀成腌汁。
3. 将猪肉排放入腌汁中腌30分钟取出，均匀沾上红薯粉备用。
4. 热一油锅，待油温烧热至约180℃，放入猪肉排，以中火炸5分钟至表皮酥脆，捞出沥干油分，在盘底铺上生菜叶，装盘即可。

五香炸猪排

材料

猪里脊排300克，淀粉2大匙，香菜、食用油各适量

腌料

蒜40克，盐、鸡精粉、五香粉各1/4茶匙，白糖1小匙，料酒1大匙，水3大匙，鸡蛋液1大匙

做法

1. 将猪里脊排洗净用肉槌拍成稍薄的薄片，用刀把猪里脊排的肉筋切断。
2. 所有腌料（鸡蛋液除外）放入搅拌机中打成泥后倒入盆中，放入猪里脊排并加入鸡蛋液抓拌均匀，腌制约20分钟，备用。
3. 将淀粉倒入盆中抓拌均匀，备用。
4. 热油锅至油温约150℃，放入猪里脊排以小火炸约2分钟，再改中火炸至外表呈金黄酥脆后起锅装盘，用少许香菜装饰即可。

排骨酥

材料

排骨600克，淀粉20克，红薯粉100克，生菜、食用油各适量

调料

水4大匙，蒜泥30克，香油、酱油、白糖、米酒各1大匙，五香粉1/2小匙，盐、甘草粉、白胡椒粉各1/4小匙

做法

1. 排骨洗净剁成适当大小的块状，洗净沥干，放入容器中，加入所有调料。

2. 搅拌5分钟，盖上保鲜膜，腌制30分钟。

3. 继续在容器中加入淀粉拌匀成黏稠状，再均匀沾裹上红薯粉，静置约1分钟返潮。

4. 热油锅，待油温烧热至约180℃，放入排骨，以中火炸约5分钟至表皮成金黄酥脆，捞出沥油装盘，用生菜叶做装饰即可。

蓝带吉士猪排

材料

1厘米厚里脊肉片2片，吉士40克，鸡蛋液50克，低筋面粉、面包粉、淀粉、卷心菜丝、小黄瓜片各适量

调料

盐少许，胡椒少许

做法

1. 将里脊肉片单面撒上盐、胡椒，放置约10分钟后，撒上薄薄的淀粉备用。

2. 吉士切块，放在1片里脊肉片中间，再把另一片里脊肉片叠上，并用手压紧成猪排。

3. 将猪排依序沾上低筋面粉、鸡蛋液、面包粉，放入170℃的油锅中，油炸至表面呈金黄色，拨动后能浮起，即可夹起沥油。

4. 将猪排盛盘，放入卷心菜丝、小黄瓜片即可。

照烧猪排

材料
中里脊肉300克，玉米笋2个，秋葵2个，红椒、面粉、鸡蛋液、面包粉、食用油各适量

调料
盐适量，胡椒粉适量，米酒50毫升，酱油50毫升，白糖1/4小匙

做法
1. 中里脊肉洗净切片，以肉槌捶打，撒上盐和胡椒粉，沾上面粉、鸡蛋液和面包粉。
2. 热锅，加入适量的食用油烧热至160℃，将中里脊肉放入炸约4分钟，捞起沥油。
3. 另起锅，加适量食用油烧热，放入米酒、酱油、白糖煮至浓稠，淋至中里脊肉上。
4. 将红椒、玉米笋和秋葵洗净，放入沸水中焯烫后捞起放入盘中即可。

客家咸猪肉

材料
五花肉600克，蒜1瓣，卷心菜丝适量，食用油适量

调料
盐2大匙，酱油1大匙，白糖1大匙，米酒100毫升，五香粉1小匙，甘草粉1/2小匙，黑胡椒粉20克

做法
1. 五花肉洗净，横切成大宽片状，沥干。
2. 将调料中的所有材料放入容器中拌匀，加入拍碎的蒜，抹在五花肉片上，放入冰箱腌3天备用。
3. 将腌五花肉放入120℃的油锅中，以小火炸至金红色。
4. 炸熟后切片，排入摆满卷心菜丝的盘中即可。

红糟肉

材料

五花肉250克，蒜5瓣，葱白丝、卷心菜丝、红薯粉、食用油各适量

调料

红糟2大匙，白糖4大匙，黄酒3大匙

做法

① 将调料放入容器中拌匀，加入拍碎的蒜，抹在洗净的五花肉上，放入冰箱腌3天备用。

② 将腌五花肉沾上红薯粉，放入120℃的油锅中，以小火炸至金黄。

③ 炸熟后切片，在盘底摆上卷心菜丝，放上肉片，撒上葱白丝即可。

椒盐鸡柳条

材料

去皮鸡胸肉300克，牛奶50毫升，玉米粉100克，葱花80克，蒜末30克，红椒末30克

调料

盐适量，白胡椒粉1/4小匙

做法

① 鸡胸肉洗净切成约铅笔粗细的条状，放入碗中，加入牛奶冷藏浸泡20分钟后取出沥干。

② 再撒上少许盐及白胡椒粉抓匀调味，沾裹上玉米粉，静置半分钟返潮。

③ 热油锅至180℃，鸡胸肉条下锅，大火炸至金黄酥脆后捞出沥干油。

④ 锅底留少许食用油，放入葱花、蒜末及红椒末炒香，再加入鸡胸肉条，撒上少许盐炒匀即可。

咸酥鸡

📋 材料

去骨鸡胸肉1块，罗勒叶适量，椒盐粉适量，红薯粉100克

📋 调料

生姜粉、五香粉各1/4小匙，蒜香粉1/2小匙，白糖1大匙，米酒1大匙，酱油膏2大匙，水2大匙

📋 做法

1. 将鸡胸肉洗净后切小块；罗勒洗净沥干。
2. 将所有调料混合调匀成腌汁，再将鸡胸肉块放入腌汁中腌制1个小时，均匀沾裹红薯粉后静置30秒返潮备用。
3. 热油锅，待油温烧热至约180℃，放入鸡胸肉块，以中火炸约3分钟至表皮金黄酥脆。
4. 将鸡胸肉块捞出沥干油，撒上椒盐粉，再将罗勒略炸，放在鸡胸肉块上即可。

辣味炸鸡翅

📋 材料

鸡翅5个，玉米粉100克，水25毫升

📋 调料

盐1/2小匙，白糖1小匙，香蒜粉1/2小匙，洋葱粉1/2小匙，肉桂粉1/4小匙，辣椒粉1/2小匙，米酒1大匙

📋 做法

1. 鸡翅洗净后剪去翅尖沥干备用。
2. 将所有调料和玉米粉、水一起放入盆中，拌匀成稠状腌汁。
3. 将鸡翅放入腌汁中腌制1小时。
4. 热油锅，待油温烧热至约180℃，放入腌制好的鸡翅，以中火炸约13分钟，至表皮金黄酥脆时捞出沥干油即可。

香酥鸭

材料
鸭半只，姜片4片，葱段10克，生菜、椒盐各适量

调料
盐1大匙，八角4粒，花椒1小匙，五香粉1/2小匙，白糖1小匙，鸡精1/2小匙，米酒3大匙

做法
1. 鸭肉洗净擦干备用。
2. 将盐放入锅中炒热后，关火加入其余调料（米酒除外）拌匀。
3. 将调料趁热涂抹在鸭身上，静置30分钟再淋上米酒，放入姜片、葱段蒸2个小时后，取出沥干放凉。
4. 将鸭肉放入180℃的油锅内，炸至金黄后捞出沥干，最后去骨切块，盘底铺上生菜装盘，蘸椒盐食用即可。

银丝炸白虾

材料
白虾10尾，粉丝1把，鸡蛋液50克，面粉50克，食用油500毫升，香菜适量

调料
盐适量，白胡椒粉适量

做法
1. 将白虾去壳和沙筋，在白虾腹部划数刀，以防止卷曲。
2. 粉丝用剪刀剪成约0.3厘米长的段备用。
3. 在虾肉上撒上盐和白胡椒粉，再依序沾上面粉、鸡蛋液和粉丝段备用。
4. 取锅，加入500毫升的食用油烧热至180℃，放入白虾炸约6分钟至外表呈金黄色，捞起沥油，装盘撒上香菜即可。

芝麻杏仁炸虾

🥘 材料
草虾6尾，玉米粉30克，鸡蛋液100克，杏仁粒50克，白芝麻20克，食用油适量

🧂 调料
盐1/4小匙，米酒1小匙，沙拉酱1大匙

📋 做法
❶ 草虾去壳留尾，用刀从虾的背部剖开至腹部，摊开使其呈一片宽叶的形状，加入盐和米酒拌匀，备用。

❷ 杏仁粒与白芝麻混合；将虾身均匀地沾上玉米粉后，沾上鸡蛋液，再沾上混匀的杏仁粒与白芝麻并压紧。

❸ 锅中加适量的食用油，待油温烧热至约120℃，将草虾放入锅中，以中火炸约1分钟至表皮呈金黄酥脆状，捞起沥干油分，蘸沙拉酱食用即可。

牡蛎酥

🥘 材料
牡蛎300克，红薯粉100克，罗勒30克，食用油适量

🧂 调料
胡椒盐少许

📋 做法
❶ 牡蛎洗净沥干水分备用。

❷ 取一容器放入红薯粉后，再将牡蛎均匀沾裹上红薯粉。

❸ 热锅后倒入适量的食用油，烧热后放入牡蛎以中火油炸至熟后捞起，转大火放入牡蛎用油炸至酥捞起摆盘，再将罗勒放入热锅中略炸后捞起摆入前述的牡蛎上面，沾少许胡椒盐食用即可。

酥炸鳕鱼

📋 **材料**

鳕鱼1片（约300克），红薯粉100克，生菜叶、食用油各适量

🍶 **调料**

盐1/8小匙，鸡精1/8小匙，黑胡椒粉1/4小匙，米酒1小匙，椒盐粉1小匙

🍴 **做法**

❶ 将鳕鱼摊平，将盐、鸡精、黑胡椒粉、米酒均匀地抹在两面上，静置约5分钟。

❷ 将腌好的鳕鱼两面都沾上红薯粉，备用。

❸ 热一锅油至约150℃，将鳕鱼放入油锅炸至金黄色，捞起沥干装盘，摆上生菜叶，食用时蘸椒盐粉即可。

松鼠黄鱼

📋 **材料**

黄鱼1条，淀粉100克，香菜、食用油各适量

🍶 **调料**

盐、鸡精、白胡椒粉、米酒各1/4小匙，白醋100毫升，番茄酱100克，白糖5大匙，水淀粉2大匙，香油1大匙，水适量

🍴 **做法**

❶ 黄鱼洗净，从鱼身两侧将鱼肉取下，在鱼肉上切花刀。盐、鸡精、白胡椒粉、米酒和水调匀，放入鱼肉腌制约2分钟。

❷ 将鱼下巴取下，均匀沾上淀粉，取出鱼肉沥干后沾淀粉，切口处要均匀沾到。

❸ 将鱼下巴、鱼肉入锅炸至金黄捞起摆盘。

❹ 另热锅，放入少许水、白醋、番茄酱和白糖煮开后用水淀粉勾芡后洒上香油，淋至鱼身上，尾部放上香菜即可。

椒盐鲳鱼

材料
白鲳鱼1尾，葱4根，姜片20克，花椒1/2小匙，八角2粒，水50毫升，食用油适量

调料
米酒1大匙，盐1/4小匙，辣酱油1大匙

做法

① 鱼洗净，鱼身两侧各划几刀；葱洗净，一半切花、一半切段；葱段、姜片、花椒、八角拍碎与水、米酒、盐调匀成腌汁，将鱼肉放入腌制约5分钟，捞起沥干，备用。

② 热油，油温约180℃，放入鱼炸至外皮金黄酥脆后捞起摆盘。

③ 将辣酱油淋至鱼身上，撒上葱花，烧热1大匙的食用油淋至葱花上即可。

蒜香鱼片

材料
鲷鱼肉300克，葱末20克，红椒末5克，蒜末30克，淀粉、食用油各适量

调料
盐适量，鸡蛋液2大匙

做法

① 鲷鱼肉切厚块后，用厨房纸巾略为吸干，加入少许盐和鸡蛋液拌匀腌制入味备用。

③ 将鲷鱼肉均匀地沾裹上淀粉，热油锅，待油温烧热至约160℃，放入鲷鱼肉，以大火炸约1分钟至表皮酥脆，捞出沥干油。

④ 锅底留少许食用油，以小火炒香葱末及红椒末后，加入蒜末、鱼片及剩余盐炒匀即可。

筒子鸡

📋 材料

土鸡肉　　　1只

🧂 调料

盐	3大匙
五香粉	1小匙
白糖	1大匙
葱	2根
姜	30克
米酒	2大匙

📖 做法

1. 鸡肉洗净，备用；将盐、五香粉和白糖混匀，取适量用力抹匀在鸡身内部。

2. 葱、姜拍碎，加入米酒拌匀，取适量抹在鸡身外，再将葱、姜塞入鸡身内，并加入2大匙葱姜米酒汁于鸡身内，一起腌制浸泡。

3. 将鸡脖子挂上吊勾，放入筒内固定。

4. 加盖以大火烤约45分钟后取出即可。

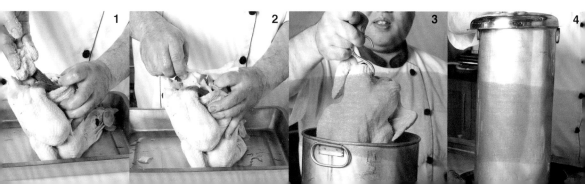

泰式酥炸鱼柳

材料
鲷鱼肉200克，红椒末1/4小匙，香菜末1/4小匙，蒜末1/4小匙，鸡蛋液100克，红薯粉4大匙，淀粉1大匙，市售泰式甜辣酱2大匙，食用油适量

调料
鱼露1/2大匙，椰糖1/4小匙，米酒2大匙

做法
1. 鲷鱼肉切条，加腌料腌约10分钟，备用。
2. 将鸡蛋液、红薯粉、淀粉混合拌匀，裹上鲷鱼条。
3. 热油锅，将油温烧热至约200℃，放入鲷鱼条炸3~5分钟至表面呈金黄色，取出沥油。
4. 将炸好的鲷鱼条与红椒末、蒜末、香菜末拌匀，蘸市售泰式甜辣酱食用即可。

椒盐中卷

材料
鱿鱼中卷300克，葱10克，蒜5克，红椒5克，红薯粉适量，食用油适量

调料
盐1小匙，白胡椒粉1/2小匙

做法
1. 鱿鱼中卷洗净去表面白膜，切成圈状，沾红薯粉放入油温140℃的油锅中炸熟，捞起备用。
2. 葱、蒜、红椒洗净切末备用。
3. 热锅，倒入适量的食用油，加入做法2的所有材料爆香。
4. 再加入鱿鱼中卷和所有调料快炒均匀即可。

酥炸墨鱼丸

📋 材料

墨鱼80克，鱼浆80克，白馒头30克，鸡蛋1
个，生菜、食用油各适量

🧂 调料

盐1/4小匙，白糖1/4小匙，胡椒粉1/4小匙，香油
1/2小匙，淀粉1/2小匙

🍳 做法

❶ 墨鱼洗净切小丁、吸干水分，备用。

❷ 白馒头泡水至软，挤去多余水分，备用。

❸ 将做法1、做法2的材料加入鱼浆、鸡蛋、
所有调料混合搅拌匀，挤成数颗丸子状，
再放入油锅中以小火炸约4分钟至金黄浮
起，捞出沥油后盛盘，摆上生菜即可。

盐酥杏鲍菇

📋 材料

杏鲍菇200克，葱花5克，红椒末5克，蒜末10
克，食用油适量

🧂 调料

盐1/4小匙

🍲 粉浆

低筋面粉40克，玉米粉20克，蛋黄1个，冰水75
毫升

🍳 做法

❶ 低筋面粉与玉米粉拌匀，加入冰水以后迅
速拌匀，再加入蛋黄拌匀即成粉浆备用。

❷ 杏鲍菇洗净切块；热油锅至约180℃，杏鲍
菇沾粉浆后，入油锅以大火炸约1分钟至表
皮酥脆，起锅沥油备用。

❸ 锅底留油，爆香葱花、蒜末、红椒末，放
入杏鲍菇炒匀，放入盐调味即可。

脆皮丝瓜

材料
丝瓜600克，食用油适量

面糊
中筋面粉7大匙，淀粉1大匙，食用油1大匙，泡打粉1小匙，水85毫升

做法
① 丝瓜去皮，去籽洗净切长条状，沾适量淀粉（分量外）备用。
② 所有面糊材料混合拌匀成面糊备用。
③ 取做法1的材料，沾上面糊，放入140℃的油锅中，炸至外观呈金黄色即可捞起沥油。

脆皮红薯

材料
去皮红薯300克，淀粉100克，水150毫升，香菜、食用油各适量

调料
胡椒盐适量

做法
① 将红薯切成2厘米厚片，泡水略洗，沥干备用。
② 在淀粉中分次加入水拌匀，再加入食用油搅匀。
③ 将红薯片沾裹淀粉，放入约120℃的油锅中以小火炸3分钟，再转大火炸30秒捞出沥油盛盘，撒上香菜装饰，食用时再搭配胡椒盐即可。

洋葱圈

材料
洋葱1个，面包粉100克，食用油适量

调料
椒盐粉或番茄酱少许

面糊
面粉100克，米粉100克，泡打粉1小匙，水140毫升

做法
1. 洋葱去皮及蒂后，整个横切成宽约0.5厘米的片状，再将洋葱剥开成一圈圈，备用。
2. 所有面糊材料调成面糊，备用。
3. 热油锅，待油温烧热至约160℃时，将洋葱圈先沾裹上面糊，再裹上面包粉后下锅炸，以中火炸约30秒至表皮成金黄色时捞出沥干油，蘸椒盐粉或番茄酱食用即可。

炸蔬菜天妇罗

材料
茄子80克，青椒圈50克，红甜椒圈60克，芹菜嫩叶20克，食用油适量

调料
鲣鱼酱油、高汤、萝卜泥各1大匙，味醂1小匙

粉浆
低筋面粉40克，玉米粉20克，冰水75毫升，蛋黄1个

做法
1. 将茄子洗净切花刀；芹菜嫩叶洗净；调料调匀成蘸汁，备用。
2. 将粉浆调匀，所有的蔬菜均匀裹上粉浆后放入180℃的油锅内炸约10秒至表皮金黄酥脆时，再捞起沥干油，蘸取适量蘸汁食用即可。

炸芋球

🔖 材料
芋头1个，牛绞肉100克，洋葱1/2个，食用油适量，低筋面粉适量

🍶 调料
盐少许

🍳 做法
❶ 将芋头去皮、切片，放入蒸笼中以大火蒸至熟软，取出捣成泥；洋葱洗净切末，备用。

❷ 将牛绞肉、洋葱末、盐加入芋泥中再加低筋面粉搅拌均匀。

❸ 把拌好的芋泥捏成芋球状，表面沾裹低筋面粉，备用。

❹ 取一油锅，油温加热至180℃，放入芋球炸至表面呈金黄色，捞起沥油即可。

蜂巢玉米

🔖 材料
罐头玉米粒100克，淀粉浆150毫升，食用油500毫升

🍶 调料
白糖2大匙

🍳 做法
❶ 取一铁锅，倒入约500毫升食用油（油不可超过铁锅1/3的深度，否则炸时油会溢出），加热油温至约180℃。

❷ 将100毫升淀粉浆与玉米粒混合备用。

❸ 将另外50毫升淀粉浆均匀淋入油锅中，持续以中火炸至粉浆浮起，再将玉米粒粉浆分次均匀淋至浮起的粉浆上，炸约1分钟至酥脆后捞出盛盘，撒上白糖即可。

香酥菱角

材料
生菱角仁300克，生菜少许

调料
番茄酱（蜂蜜或胡椒盐）少许

面糊
面粉80克，玉米粉20克，蛋黄2个，水100毫升

做法
1. 生菱角仁洗净沥干水分，放入电饭锅内锅加适量水蒸熟备用。
2. 将面糊材料放入钢盆，用刮面刀混合搅拌均匀成面糊。
3. 锅中注入半锅食用油，油温加热达150℃时，将菱角仁沾上面糊后，放入锅中炸至表面呈金黄色即可捞起盛盘，摆上生菜叶，食用时蘸番茄酱即可。

可乐饼

材料
牛绞肉100克，土豆350克，洋葱末30克，鲜奶油30克，食用油、低筋面粉、鸡蛋液、面包粉各适量，奶油1大匙

调料
盐、胡椒粉各适量

做法
1. 土豆去皮切块，洗净，放入蒸笼蒸熟，趁热捣碎，加入鲜奶油、盐、胡椒粉拌匀。
2. 热锅，加入1大匙奶油至融化，加入洋葱末炒软，再加入牛绞肉炒至变色，加入盐、胡椒粉拌匀。
3. 土豆泥与做法2的材料拌匀，整形成数个大小适中的圆饼，沾上混合均匀的低筋面粉、鸡蛋液和面包粉，放入180℃的油锅中炸至金黄酥脆即可。

炸芙蓉豆腐

材料
芙蓉豆腐2盒，玉米粉100克，鸡蛋2个，面包粉100克，白萝卜100克，食用油400毫升

调料
日式柴鱼酱油20毫升，白糖5克

做法

❶ 芙蓉豆腐每块分别切成4等份；鸡蛋打散成蛋液；白萝卜磨成泥备用。

❷ 所有调料拌匀，放上白萝卜泥即成蘸酱。

❸ 豆腐块依序裹上玉米粉、蛋液，最后均匀沾上一层面包粉，重复步骤至材料用毕。

❹ 热锅，加入食用油烧热至约120℃时，轻轻放入豆腐炸至表皮呈金黄色时，捞起沥干，搭配蘸酱食用即可。

港式叉烧

材料
梅花肉400克，姜片30克，蒜2瓣，红葱头30克，葱1根，香菜根4根，生菜适量

调料
甜面酱1大匙，盐1小匙，白糖3大匙，米酒3大匙，芝麻酱1小匙，酱油1小匙

做法

❶ 将梅花肉洗净切成长宽高约为3厘米的块状后冲水15分钟，沥干备用。

❷ 取姜片、蒜、红葱头、葱洗净拍松，再加入香菜根及调料，抓匀成腌汁备用。

❸ 将梅花肉块加入腌汁中拌匀，腌2个小时后取出。

❹ 将梅花肉放入烤箱，以180℃烤20分钟，取出切片，盘底铺上生菜装盘即可。

蜜汁烤排骨

材料
猪小排500克，蒜末30克，姜末20克，生菜适量，麦芽糖30毫升，水30毫升

调料
酱油1小匙，五香粉1/4小匙，白糖1大匙，豆瓣酱1/2大匙

做法

1. 猪小排洗净剁成长约5厘米的块状，洗净沥干，将酱油、五香粉、白糖、豆瓣酱混合均匀涂抹于猪小排上腌20分钟备用。
2. 将麦芽糖及水一同煮溶成酱汁备用。
3. 烤箱预热至200℃，取腌好的猪小排平铺于烤盘上，放入烤箱烤约20分钟。
4. 取出烤好的猪小排，刷上酱汁，装盘以生菜装饰即可。

香烤猪小排

材料
猪小排骨600克

腌料
蒜5瓣，番茄酱2大匙，酱油2大匙，米酒1小匙，白糖1大匙

做法

1. 蒜拍碎备用；猪小排骨洗净剁成约8厘米的长段，洗净，加入所有腌料拌匀，并用竹签在排骨肉上戳几个洞，静置40分钟至入味。
2. 于烤箱最底层铺上铝箔纸，并调至180℃预热。
3. 猪小排一支支排开在烤架上送入烤箱，烤的途中可取出2~3次刷上腌料，烤约25分钟至肉呈亮红色时取出。

碳烤鸡排

材料
鸡胸肉1块，红薯粉适量，熟白芝麻适量

调料
酱油膏、米酒、蒜泥各1大匙，盐、白糖各1/2小匙，水3大匙，五香粉、白胡椒粉、肉桂粉各少许

做法
1. 鸡胸肉洗净切开成2大片；调料混匀成腌烤酱，加部分于鸡胸肉中腌制1个小时，备用。
2. 将鸡排均匀沾裹上红薯粉，以中小火炸熟至上色捞出、沥干。
3. 将炸好的鸡排放在烤肉架上烘烤，边烤边刷上适量剩余的腌烤酱，至香味溢出翻面再烤，续涂上腌烤酱，烤至上色入味，食用前撒上熟白芝麻即可。

蜜汁烤鸡翅根

材料
鸡翅根10支，蜂蜜少许，熟白芝麻适量

腌料
姜片3片，葱段10克，蒜末10克，酱油3大匙，白糖1大匙，香油少许，米酒1大匙，番茄酱1大匙，五香粉少许，蚝油1小匙

做法
1. 鸡翅根洗净、沥干，放入盆中，加入所有腌料拌匀成腌酱，腌制约30分钟，备用。
2. 将鸡翅根从腌酱中取出，排放在烤盘上，再移入已预热的烤箱中，以200℃烤约10分钟，接着取出均匀刷上腌料，翻面继续放入烤箱中，烤约10分钟再取出，趁热刷上蜂蜜后再入炉略烤至上色。
3. 取出后于表面再刷上蜂蜜，食用时撒上熟白芝麻即可。

甘蔗熏鸡

📋 材料
白斩鸡   1/2只
甘蔗   150克

🧂 调料
盐   1大匙
米酒   2大匙

🍚 熏料
中筋面粉   50克
白糖   50克
葱段   10克
姜片   20克
八角   2粒

🍞 做法
1. 甘蔗洗净用刀背拍碎、切段，备用。
2. 白斩鸡趁热抹上盐、米酒，备用；取一锅，铺上铝箔纸，再依序放入所有熏料，加上甘蔗段。
3. 放入网架后，将白斩鸡趁热放在网架上，最后盖上锅盖。
4. 以大火烟熏，待锅盖边缘冒出微烟，接着冒出浓烟时，转小火熏4~5分钟后取出，待凉后剁块盛盘即可。

传统手扒鸡

材料
春鸡1只

调料
葱段30克，姜10克，红椒片5克，八角2克，花椒2克，酱油3大匙，米酒2大匙，白糖2大匙，水2000毫升

做法
1. 所有调料倒入锅中，以大火煮至沸腾，静置到冷却成腌汁，备用。
2. 春鸡洗净，沥干水分后放入已冷却的腌汁中，放入冰箱冷藏腌制约1天。
3. 取出春鸡，放入已预热的烤箱，以上火150℃、下火150℃烘烤，期间需不停打开烤箱涂抹腌汁，避免表皮干焦，烘烤约40分钟，至金黄熟透后取出即可。

辣烤全鸡

材料
春鸡1只

调料
墨西哥辣椒粉1大匙，美国辣椒酱1大匙，橄榄油1/2大匙，盐1/2大匙，胡椒粉1/4小匙，辣酱1大匙，白糖1/2小匙

做法
1. 将所有调料拌匀成辣酱腌料，备用。
2. 将春鸡洗净沥干水分，内、外均匀地抹上辣酱腌料，静置腌制约1个小时，备用。
3. 将春鸡放入已预热的烤箱，以上火150℃、下火150℃烘烤约40分钟至熟即可。

金针菇牛肉卷

材料
火锅牛肉片8片，金针菇1/2把，葱2根，竹签4支，熟白芝麻粒适量

调料
市售烤肉酱适量

做法
1. 金针菇去头，分4份；葱洗净切段分4份。
2. 取2片火锅牛肉片，铺上1份金针菇及葱段卷起，依序做成4卷，用竹签固定备用。
3. 烤箱预热至250℃，将牛肉卷放入烤架上，先烤5分钟后拉出烤架，在肉卷上刷上烤肉酱再入烤箱烤约5分钟。
4. 再拉出烤架，将牛肉卷翻面，再刷上烤肉酱放入烤箱烤约5分钟。
5. 待牛肉卷烤熟，撒上少许熟白芝麻粒装盘即可。

酱烤豆腐

材料
板豆腐200克，蒜末30克，姜末15克，葱花适量

调料
甜面酱1大匙，豆瓣酱1大匙，米酒1大匙，水1大匙，白糖2小匙，香油1大匙

做法
1. 板豆腐切厚块放至锡箔纸上。
2. 蒜末、姜末及所有调料拌匀成酱料。
3. 烤箱预热至上火200℃、下火200℃，板豆腐块放入烤箱烤约5分钟，取出淋上酱料，再送入烤箱烤约5分钟至有香味，取出装盘，再撒上葱花即可。

烤味噌鱼

材料
鳕鱼片2片，梨50克，姜末1/2小匙，柠檬1瓣

调料
白糖1大匙，白味噌150克，米酒2大匙

做法

① 鳕鱼片洗净擦干；梨洗净去皮，磨成泥。

② 将梨泥加入白味噌、米酒、姜末和白糖拌匀。

③ 将鳕鱼片均匀抹上做法2的材料，放入盘内，再放入冰箱中冷藏10个小时。

④ 取出鳕鱼片，抹去上面的酱料，放入预热过的烤箱，以180℃烤至两面金黄装盘，摆上柠檬装饰即可。

照烧烤旗鱼

材料
旗鱼1片，洋葱丝50克，葱段10克，蒜片10克，小豆苗少许

调料
酱油膏1大匙，味醂1大匙，白糖1大匙，米酒1大匙，水3大匙

做法

① 所有的调料和30克洋葱丝混合搅拌均匀，倒入炒锅中略煮后，再加入剩余洋葱丝以中小火慢慢煮约20分钟即成照烧酱。

② 将旗鱼洗净，用餐巾纸吸干水分，放入烤盘中。

③ 将照烧酱均匀抹在旗鱼上，再放上葱段和蒜片，放入已预热的烤箱中，以上火190℃、下火190℃烤10分钟至外观略上色取出盛盘，加上少许小豆苗即可。

焗烤大虾

材料
草虾4尾，蛋黄1个，奶油100克，低筋面粉90克，冷开水400毫升，动物性鲜奶油400克

调料
盐7克，白糖7克，奶酪粉20克

做法

① 奶油以小火煮至融化，再倒入低筋面粉炒至糊化，接着再慢慢倒入冷开水把面糊煮开，最后加入动物性鲜奶油、盐、白糖和奶酪粉拌匀与蛋黄拌匀备用。

② 草虾洗净沥干，剪去虾头最前端处，从背部纵向剪开（不要完全剪断），去泥沙，排入盘中，淋上做法1的调料。

③ 再放入预热烤箱中，以上火250℃、下火150℃烤5分钟至表面呈金黄色泽即可。

烤鲈鱼

材料
鲈鱼1尾，洋葱末适量，香菜根3根，姜末20克，蒜末适量，芹菜叶20克，胡萝卜丝20克，葱1根，沙拉酱1大匙

调料
盐1小匙，米酒1小匙，蚝油1又1/2小匙，白糖1/2小匙，胡椒粉1/2小匙

做法

① 鲈鱼清理干净，斜刀切成四段；洋葱末、香菜根、姜末、蒜末、芹菜叶和胡萝卜丝加入调料抓匀。

② 将做法1中的材料混合拌匀，腌约2个小时。

③ 取烤盘，放上葱铺底，再将腌好的鲈鱼摆上，把烤盘放入预热至180℃的烤箱中，烤约15分钟后取出，蘸沙拉酱食用即可。

啤酒烤花蟹

材料
花蟹2只，啤酒200毫升，洋葱丝60克，奶油30克，葱段30克

调料
盐5克，白胡椒粉3克

做法
1. 花蟹洗净处理好鳃及鳍后，烤箱以200℃预热5分钟。
2. 取锡箔盘，用洋葱丝、葱段铺底，再排入花蟹。
3. 再淋入啤酒，放入奶油、盐和白胡椒粉调味，然后将锡箔盘以锡箔纸包紧，再放入预热好的烤箱中，以200℃烤约25分钟即可。

奶油螃蟹

材料
螃蟹1只，洋葱丝20克，葱段10克

调料
米酒1大匙，盐1/4小匙，奶油1大匙

做法
1. 螃蟹洗净，切大块备用。
2. 将锡箔纸铺平，先放上葱段、洋葱丝，再摆上螃蟹块、所有调料后包起，备用。
3. 烤箱预热至180℃，放入锡箔包烤约15分钟后取出即可。

PART 5

凉拌小菜

　　到餐厅用餐少不了的就是一些凉拌小菜，如麻辣耳丝或是凉拌茄子等，虽然只是小菜一碟，美味却往往让人惊艳，这些菜还具有开胃的作用。凉拌小菜步骤简单，制作方便，看完本章，以后想吃这些凉拌菜也不用上馆子，本单元收集了常见的50多道小菜，让你每天都可以换着吃，美食也可以自己做哟！

香油小黄瓜

材料
小黄瓜2条，红辣椒1个，蒜2瓣

调料
盐1/2小匙，白糖1/2匙，白醋1小匙，香油1.5大匙

做法
1. 小黄瓜洗净去头尾；红辣椒洗净切圈；蒜洗净切碎，备用。
2. 小黄瓜以刀身略拍打至稍裂后，切长条状备用。
3. 取深碗放入小黄瓜，抓盐（分量外）后，放入红椒圈、蒜碎。
4. 倒入所有调料拌匀，放置30分钟入味后即可。

台式泡菜

材料
卷心菜1/4个，胡萝卜30克，红椒圈3克

调料
白醋50毫升，冷开水100毫升，盐少许，香油1小匙

做法
1. 将卷心菜洗净，切成大块状，用少许盐（材料外）腌至卷心菜出水，沥干备用。
2. 将胡萝卜去皮洗净切成小片状，放入沸水中焯烫捞起备用。
3. 将所有调料放入容器中，用汤匙搅拌均匀成酱汁备用。
4. 取一容器，放入卷心菜块、胡萝卜片及红椒圈，再倒入调制好的酱汁拌匀，腌制约30分钟即可。

凉拌大头菜

材料
大头菜1棵，蒜末10克，红椒末10克，香菜适量

调料
盐1/2小匙，白糖1小匙，白醋1小匙，辣椒酱1小匙，香油1小匙

做法
1. 大头菜去皮洗净切薄片，加入少许盐（材料外）略拌均匀，待软后搓揉一下，以冷开水冲洗沥干。
2. 取一容器，放入大头菜片，加入盐、白糖、白醋、辣椒酱、蒜末、红椒末拌匀，腌制约20分钟。
3. 再加入香菜及香油拌匀即可。

辣拌茄子

材料
茄子2条，红椒末10克，蒜末5克，姜末5克，葱末10克，食用油适量

调料
酱油膏3大匙，辣椒酱1小匙，陈醋1小匙，白糖1小匙

做法
1. 茄子去头尾洗净切段，放入热油锅中略炸一下捞出，沥干油脂备用。
2. 煮一锅滚沸的水，放入炸茄子段略微焯烫去油，捞出泡冰水待凉后，沥干水分，盛盘备用。
3. 所有调料拌均匀，加入红椒末、蒜末、姜末、葱末拌匀成淋酱，淋入茄子段上即可。

凉拌豆干丝

材料

豆干丝200克，芹菜70克，胡萝卜40克，泡发黑木耳25克，红椒丝10克，蒜末10克

调料

盐1/4小匙，鸡精1/4小匙，白糖1/2小匙，白醋1小匙，香油1大匙

做法

❶ 将豆干丝放入沸水中焯烫一下，捞出待凉备用。

❷ 芹菜洗净切段；胡萝卜洗净去皮切丝；黑木耳洗净切丝，三者皆放入沸水中焯烫，再捞出泡冰水备用。

❸ 取一大碗，放入所有材料及调料，拌匀即可。

醋拌珊瑚草

材料

珊瑚草200克，小黄瓜2条，蒜3瓣，红椒1个

调料

陈醋1大匙，胡麻油1大匙，酱油膏1大匙，鸡精1小匙，冷开水适量，白糖1小匙

做法

❶ 将珊瑚草洗净、泡入冷开水中待珊瑚草胀大，沥干备用。

❷ 将小黄瓜、蒜、红椒皆洗净切成小片状备用。

❸ 把所有调料放入容器中拌匀，成为酱汁备用。

❹ 将做法1、做法2的所有材料加入做法3的材料中，略为拌匀即可。

凉拌海带丝

材料

海带丝300克，姜30克，红椒2个

调料

蒜水（蒜末50克加上开水50毫升）2大匙，盐1小匙，白糖1/2小匙，香油2大匙

做法

① 取一锅水煮至沸腾，放入海带丝煮软，捞起冲冷开水，备用。

② 姜洗净切丝；红椒洗净去籽切丝，备用。

③ 取一大盆放入海带丝及做法2的材料。

④ 倒入所有调料拌匀，放入冰箱冷藏；隔天更入味。

凉拌寒天条

材料

寒天8克，小黄瓜60克，大头菜60克，柠檬汁10毫升，蒜末5克，姜末10克，红椒丝10克

调料

盐1/3小匙，冰糖1/4小匙，香油1/2小匙

做法

① 将寒天切条，泡入温水中20~30分钟；小黄瓜、大头菜洗净切丝，用少许盐（分量外）抓软，备用。

② 将所有调料和柠檬汁、蒜末、姜末混合均匀，备用。

③ 将做法1的所有材料、红椒丝和做法2的酱汁混匀即可食用。放入冰箱冷藏，风味更佳。

糖醋白萝卜丝

材料
白萝卜300克，红椒末1/2小匙

调料
白醋3大匙，白糖3大匙，盐1小匙

做法
1. 白萝卜洗净去皮后切丝，加入盐拌匀，腌制约10分钟，挤干水分备用。
2. 将白萝卜丝加入红椒末及其余调料拌匀。
3. 腌制约20分钟至入味，盛盘后以香菜（材料外）装饰即可。

芝麻牛蒡丝

材料
牛蒡1条，白芝麻1大匙

调料
盐少许，酱油1大匙，白醋1/2大匙，陈醋1小匙，白糖1小匙，香油1大匙

做法
1. 取一干锅，放入白芝麻以小火炒香，备用。
2. 牛蒡去皮、洗净后切丝，泡水备用（水中可加入几滴白醋，以防牛蒡丝变色）。
3. 将牛蒡丝放入沸水中，焯熟后捞出放入冰开水（材料外）中，泡凉备用。
4. 沥干牛蒡丝，并加入所有调料搅拌均匀，最后撒上白芝麻即可。

醋拌三色丁

材料
胡萝卜100克，小黄瓜2条，熟花生仁50克，蒜3瓣，红椒1/2个

调料
白醋5大匙，白糖1小匙，盐少许，白胡椒粉少许，香油1小匙

做法

1. 将胡萝卜及小黄瓜洗净切成小丁状，放入沸水中焯烫，捞起放凉备用。
2. 将蒜和红椒皆洗净，蒜切片，红椒切成圈备用。
3. 取一容器，加入做法1及做法2的所有材料，再加入所有调料及熟花生仁，略为拌匀即可。

凉拌青木瓜丝

材料
青木瓜1/4个，虾米1大匙，圣女果少许，炒香花生仁（去衣）1大匙，红椒1个，香菜少许

调料
开水3大匙，椰子糖1大匙，米醋3大匙，泰式鱼露1大匙，柠檬汁1大匙

做法

1. 椰子糖加开水搅拌至椰子糖溶化，加入其余调料拌匀成柠檬糖醋酱。
2. 青木瓜去皮洗净切丝，焯水取出沥干。
3. 虾米泡软，冲洗沥干；圣女果洗净对半切开；红椒洗净切末；炒香的花生仁拍碎。
4. 青木瓜丝与柠檬糖醋酱拌匀，再加入做法3的圣女果、红椒末、花生碎及虾米拌匀，盛盘后摆上香菜即可。

麻辣耳丝

材料
猪耳1副，蒜苗1根，八角2粒，花椒1小匙，葱1根，姜10克，水1500毫升，盐1大匙

调料
盐5克，鸡精5克，辣椒粉50克，花椒粉5克，食用油适量

做法
1. 将辣椒粉、盐、鸡精拌匀备用。
2. 食用油烧热至约150℃后冲入做法1的材料中，迅速拌匀，加入花椒粉拌成辣油汁。
3. 将除猪耳和蒜苗之外的材料混合煮至沸腾，放入猪耳煮15分钟，取出晾凉。
4. 将猪耳斜切薄片，再切细丝；蒜苗切细丝，备用。
5. 将猪耳丝及蒜苗丝放入容器中，加入辣油汁拌匀即可。

肉丝拌金针菇

材料
金针菇100克，猪肉丝50克，胡萝卜丝40克，芹菜60克，蒜末10克

调料
米酒1大匙，蛋清1大匙，淀粉1小匙，水1大匙，盐1/2小匙，白糖1大匙，白醋1大匙，辣椒油3大匙

做法
1. 猪肉丝加入米酒、蛋清、淀粉、水抓匀；芹菜洗净切小段，备用。
2. 将猪肉丝、芹菜段、金针菇和胡萝卜丝依序放入沸水氽烫10秒后捞出，以凉开水泡凉沥干，备用。
3. 将做法2的所有材料放入碗中，加入蒜末、盐、白糖、白醋、辣椒油拌匀即可。

酸辣大薄片

材料
猪头皮	300克
红椒末	5克
蒜末	5克
香菜碎	2克
碎花生仁	10克

调料
柠檬汁	1大匙
鱼露	2大匙
白醋	1小匙
白糖	1大匙

做法
1. 煮开一锅水（水中可放入少许葱、姜去腥），放入猪头皮，至淹过食材，煮约20分钟至熟透。
2. 将猪头皮捞起，用冷开水浸泡约10分钟至凉透略有脆感。
3. 将猪头皮切成薄片，置于盘上备用；红椒末、蒜末、香菜碎及所有调料拌匀成酱汁。
4. 将酱汁淋至猪头皮片上，再撒上碎花生仁，食用时拌匀即可。

火腿三丝

材料

火腿80克，金针菇60克，胡萝卜50克，小黄瓜1条

调料

盐1/4小匙，鸡精少许，白糖少许，黑胡椒粉1/4小匙，香油1大匙

做法

1. 火腿切丝；金针菇洗净去蒂头；胡萝卜去皮洗净切丝；小黄瓜去头尾洗净切丝。
2. 将做法1的金针菇、胡萝卜丝放入沸水中焯烫至熟，备用。
3. 小黄瓜丝加入少许盐（分量外）搅拌均匀，腌约10分钟，再次抓匀并用冷开水略冲洗，备用。
4. 取一大碗，装入所有材料及调料搅拌均匀即可。

香辣拌肚丝

材料

猪肚300克，芹菜段50克，红椒丝5克，香菜碎2根，蒜片20克

调料

米酒3大匙，盐适量，辣油3大匙，香油1大匙，白胡椒粉1小匙

做法

1. 猪肚洗净，放入锅中，加入适当的水量，再加入盐和米酒，先以大火煮沸，再转小火煮约半个小时至软化，再捞起切丝。
2. 芹菜洗净切段、焯烫，备用。
3. 取一容器，加入所有的材料、少许盐、辣油、香油、白胡椒粉搅拌均匀即可。

鸡丝拉皮

鸡胸肉1片，绿豆粉皮2片，绿豆芽30克，红椒1个，小黄瓜1条

麻酱1大匙，市售鸡高汤3大匙，香油少许，酱油1小匙，熟白芝麻1小匙，白醋少许

1. 将所有调料搅拌均匀成鸡汁麻酱备用。
2. 将鸡胸肉去皮，放入沸水中煮至熟，取出撕成细丝状备用。
3. 将绿豆芽、红椒、小黄瓜洗净切成丝状，放入沸水中焯烫过水备用。
4. 绿豆粉皮切成小条状，用开水（材料外）洗净滤干备用。
5. 将所有材料放入盘中，淋上鸡汁麻酱食用即可。

凉拌苹果鸡丁

鸡胸肉丁150克，苹果1个，小黄瓜1条，胡萝卜50克，蒜末5克，香菜适量

白糖1小匙，醋1小匙，鸡精1/4小匙，香油少许，米酒1小匙，淀粉1/2大匙，盐少许

1. 鸡胸肉加少许盐、米酒和淀粉腌10分钟。
2. 苹果、小黄瓜、胡萝卜洗净切丁，小黄瓜加盐（分量外）腌片刻，放冰水中降温。
3. 将胡萝卜丁放入沸水中焯烫约2分钟后捞出，再放入鸡丁煮约2分钟后，待颜色变白熟后捞出，泡入冰水中待凉，捞出沥干水分备用。
4. 将所有材料加入少许盐、白糖、醋、鸡精、香油连同蒜末拌匀，撒上香菜即可。

醉鸡片

材料

鸡胸肉200克，小黄瓜1条，姜片20克，葱1根

调料

酒酿汁4大匙，盐1/2小匙，胡椒粉少许

做法

① 鸡胸肉洗净去皮；小黄瓜洗净去头尾，切片备用；葱洗净切段。

② 煮一锅滚沸的水，放入姜片、葱段及去皮鸡胸肉，以小火煮约15分钟，捞出去皮鸡胸肉，待凉备用。

③ 去皮鸡胸肉以斜刀切薄片，备用。

④ 将鸡胸肉薄片、小黄瓜片和所有调料一起拌匀，放入冰箱冷藏腌制一夜即可。

芒果拌牛肉

材料

芒果1个，牛肉300克，洋葱1/2个，香菜2棵，红椒1个

调料

甜口酱油1小匙，白糖1小匙，香油1大匙，盐少许，黑胡椒粉少许

做法

① 芒果洗净去皮切条；洋葱洗净切丝，泡水去辛辣味，拧干水分；香菜及红椒皆洗净切碎，备用。

② 将牛肉洗净切成小条状，加盐（分量外）腌制约15分钟，放入沸水中汆烫，捞起放凉备用。

③ 将做法1、做法2的全部材料和所有调料一起拌匀即可。

香米拌牛肉

材料
牛腱1个，蒜味花生仁3大匙，葱花2大匙，葱段5克，姜30克，八角3粒，花椒1小匙，香菜适量

调料
盐1小匙，酱油1/2小匙，白糖1/4小匙，香油1大匙，胡椒粉1/2小匙

做法
1. 姜去皮洗净切成片；蒜味花生仁用刀背碾碎，备用。
2. 取一锅水（以能淹过牛腱为准），放入姜片、葱段及八角和花椒，煮至滚沸后放入牛腱，以小火煮约1个小时，捞出沥干水分，待凉备用。
3. 将牛腱切片，加入葱花及所有调料一起拌匀，食用前再加入蒜味花生碎和香菜拌匀即可。

小黄瓜拌牛肚

材料
小黄瓜2条，市售熟牛肚200克，蒜3瓣，葱1根，红椒1个

调料
辣油1大匙，香油1大匙，酱油1小匙，白胡椒粉适量，盐适量

做法
1. 小黄瓜洗净去籽切丝，放入沸水中略焯烫后，捞起泡入冰水（材料外）中，备用。
2. 市售熟牛肚切丝；蒜和葱洗净切末；红椒洗净切丝备用。
3. 取容器，加入所有的调料拌匀，再加入做法1及做法2的所有材料混合均匀即可。

果律虾仁

材料
什锦水果罐头250克，虾仁200克，香芹1根

调料
沙拉酱2大匙，盐少许，黑胡椒粉少许，柠檬汁1小匙

做法
1. 将虾仁划开背部、去肠泥，放入沸水中氽烫过水；什锦水果罐头打开并滤干水分、倒出果肉；香芹洗净切碎备用。
2. 取一容器加入所有调料，再搅拌均匀成酱料备用。
3. 将果肉、虾仁铺入盘中，再淋上酱料，撒上香芹碎即可。

酸辣芒果虾

材料
小黄瓜40克，红椒40克，芒果80克，虾仁10尾

调料
辣椒粉1/6小匙，柠檬汁1小匙，盐1/6小匙，白糖1小匙

做法
1. 小黄瓜、红椒、芒果洗净切丁。
2. 虾仁烫熟后放凉备用。
3. 将做法1、做法2的所有材料放入碗中，加入所有调料拌匀即可。

凉拌海蜇皮

材料

海蜇皮250克，胡萝卜20克，佛手瓜1个，红椒圈10克，蒜末10克

调料

盐、鸡精各1/4小匙，白糖、白醋、香油各1小匙

做法

1. 海蜇皮泡水1个小时后氽烫，捞出泡凉。
2. 胡萝卜去皮洗净切丝，焯熟，泡冰开水备用。
3. 佛手瓜去皮洗净切丝，加入少许盐（分量外）腌约5分钟，去除多余水分后焯烫，再捞出泡冷开水（材料外），备用。
4. 沥干做法1、2、3的材料，加红椒圈、蒜末及所有调料，搅拌均匀即可。

酸辣鱿鱼

材料

鲜鱿鱼150克，番茄50克，香菜10克，洋葱丝30克

调料

红椒碎15克，蒜碎20克，鱼露50毫升，白糖20克，柠檬汁40毫升

做法

1. 将所有调料混合拌匀即成泰式酸辣酱。
2. 鲜鱿鱼洗净去掉外膜后，斜刀在鱿鱼内侧切花刀后切小块；番茄洗净切片；香菜洗净，备用。
3. 煮一锅水至沸腾，放入鲜鱿鱼氽烫约1分钟，捞起沥干放凉备用。
4. 将所有材料加入泰式酸辣酱拌匀即可。

凉拌芹菜墨鱼

材料
墨鱼200克，芹菜150克，黄椒30克，蒜末10克，红椒丁10克

调料
香油1大匙，生抽1小匙，白糖1/2小匙，鸡精1/2小匙，白醋1/2小匙，开水2大匙

做法
1. 墨鱼洗净切条；芹菜撕去粗纤维，切段；黄椒切丝，备用。
2. 将芹菜段、黄椒丝、墨鱼条分别放入沸水中烫熟后，捞出放入冰水中备用。
3. 所有调料混合后，连同蒜末、红椒丁拌匀。
4. 将芹菜段、黄椒丝、墨鱼条捞出沥干水分，放入盘中，淋上做法3的酱料即可。

呛辣蛤蜊

材料
蛤蜊20个，芹菜丁30克，蒜碎5克，香菜碎10克，红椒碎10克，柠檬汁20毫升，橄榄油20毫升

调料
鱼露50毫升，白糖15克，辣椒酱20克，盐适量

做法
1. 蛤蜊洗净，放入冷水中约半天至吐沙完毕备用。
2. 将蛤蜊放入沸水中氽烫至口略开即捞起备用。
3. 将所有调料与红椒碎、蒜碎、香菜碎、芹菜丁、柠檬汁及橄榄油一起拌匀成淋酱汁。
4. 先将蛤蜊摆盘，再淋上酱汁拌匀即可。

辣豆瓣鱼皮丝

材料
鱼皮250克，洋葱1个，香菜3棵，葱1根，红椒1个

调料
香油1大匙，辣油1大匙，辣豆瓣酱1小匙，白糖1小匙，白胡椒粉少许

做法
1. 将鱼皮放入沸水中汆烫，捞起后泡水冷却，沥干备用。
2. 将洋葱、红椒、葱洗净切丝；香菜洗净切碎备用。
3. 取一容器加入所有调料，再加入鱼皮、做法2的所有材料，略为拌匀即可。

洋葱水晶鱼皮

材料
鱼皮200克，洋葱50克，红甜椒50克，黄甜椒50克，青甜椒50克

调料
鱼露2大匙，陈醋1大匙，酱油1大匙，香油1大匙，白糖1大匙，意式综合香料5克

做法
1. 鱼皮洗净，放入沸水中汆烫，捞出放入冰水冰镇至凉，沥干备用。
2. 将所有材料（鱼皮除外）洗净切成细条状，放入冰水冰镇10分钟，沥干备用。
3. 将所有调料放入容器中，搅拌均匀。
4. 再加入做法1、做法2中的所有材料充分拌匀即可。

糖醋卷心菜丝

材料

卷心菜丝150克，胡萝卜丝50克，葱丝20克，红椒末适量

调料

盐1/4大匙，白醋3大匙，白糖2大匙，香油1/2大匙

做法

1. 将卷心菜丝、胡萝卜丝及盐一起拌匀，腌约15分钟，再倒掉盐水，沥干备用。
2. 将白醋、白糖、香油拌匀，加入做法1的材料一起拌匀腌入味，最后再加入葱丝和红椒末拌匀即可。

海苔凉拌冷笋

材料

沙拉笋300克，海苔粉适量

调料

沙拉酱3大匙，番茄酱1小匙

做法

1. 将沙拉笋洗净，放入沸水中焯烫1分钟，再捞起放入冰水中冰镇备用。
2. 将所有调料混合均匀成千岛酱备用。
3. 将沙拉笋切成滚刀块状摆盘，再淋入千岛酱，最后撒上海苔粉即可。

雪菜拌千张

材料

雪菜	120克
千张	适量
碱粉	1小匙
水	800毫升
红椒	1/2个
热水	300毫升

调料

鸡精	1小匙
盐	1/2小匙
盐	1/4小匙
白糖	1/4小匙
香油	1大匙

做法

① 材料中800毫升的水煮至约70℃，倒入盆中和碱粉调匀成碱水后，将千张一张张放入碱水中浸泡至千张膨胀、变白、完全软化（约15分钟）后备用。

② 将千张置于水龙头下方，以流动的水持续冲洗，至千张无碱味，捞出千张沥干水分备用。

③ 将鸡精、盐、热水放入锅中煮至沸腾，加入千张，以小火煮约10分钟，捞出沥干水分，切段备用。

④ 雪菜洗净切小段；红椒洗净切短丝，备用。

⑤ 雪菜段放入沸水中略烫除多余咸味后捞起，沥干水分，备用。

⑥ 将千张段、红椒丝、雪菜段与盐、白糖、香油一起拌匀即可。

凉拌土豆丝

材料
土豆1个，胡萝卜30克

调料
陈醋1大匙，辣油1大匙，白糖1小匙，盐1/6小匙

做法
1. 将土豆与胡萝卜去皮切丝，焯烫约30秒后，捞起冲凉备用。
2. 将土豆丝、胡萝卜丝与所有调料拌匀即可（盛盘后可加入少许香菜装饰）。

梅酱苦瓜

材料
苦瓜1个，紫酥梅4颗

调料
盐少许，白糖1小匙，酱油1小匙，梅汁1大匙，冷开水1大匙

做法
1. 紫酥梅去籽切碎，与所有的调料混合拌匀，即为梅酱备用。
2. 苦瓜洗净、剖开去籽，切薄片，备用。
3. 将苦瓜薄片放入沸水中焯烫，立刻捞出放入冰开水（材料外）中泡凉备用。
4. 沥干苦瓜薄片，淋上梅酱拌匀即可。

破布子拌苦瓜

材料

苦瓜150克，破布子2大匙（含汤汁），红椒1/2个，蒜2瓣

调料

白糖1/2小匙，鸡精1/2小匙，香油1大匙

做法

1. 苦瓜去籽去白膜，洗净切成丁状；红椒洗净切末；蒜洗净切末，备用。
2. 将苦瓜丁焯烫去苦涩后，浸泡冷开水备用。
3. 将苦瓜丁沥干，拌入所有调料、红椒末、蒜末、破布子及汤汁，拌匀后即可。

凉拌莲藕

材料

莲藕200克，黄甜椒40克，红甜椒40克，姜末10克，红辣椒末5克，香菜末5克

调料

盐1/4小匙，白糖1小匙，白醋1小匙

做法

1. 莲藕洗净切片，放入稀释的白醋水（分量外）中浸泡备用。
2. 红甜椒、黄甜椒洗净，去籽切条备用。
3. 取锅煮水至滚，依序放入做法1、做法2的材料，快速焯烫后捞出，放入冰水中浸泡后沥干。
4. 将所有调料及材料拌匀即可。

葱油白萝卜丝

材料
白萝卜100克，红椒丝5克，葱2根，食用油适量

调料
白糖1/2小匙，盐3/4小匙，香油1小匙

做法

1. 白萝卜去皮切丝，用少许盐抓匀腌3分钟后，冲水约3分钟后沥干备用。
2. 葱切细，置于碗中。将食用油烧热至约120℃，冲入葱花中拌匀成葱油。
3. 将做法1、做法2的白萝卜丝、葱油、红椒丝及剩余盐、白糖、香油一起拌匀即可。

凉拌桂竹笋

材料
桂竹笋2个，蒜3瓣

调料
香油2大匙，酱油1大匙，白糖1小匙，陈醋1小匙，辣油1大匙

做法

1. 将桂竹笋去壳洗净后焯烫，用手撕开，切成小片状备用；将蒜洗净切碎备用。
2. 取一容器，加入所有调料拌匀，成为酱汁备用。
3. 将桂竹笋片及蒜碎加入酱汁中，略为拌匀后盛盘，以葱丝及豆苗（皆材料外）装饰即可。

姜丝拌黑木耳

材料

黑木耳50克，姜30克，胡萝卜20克，蒜5瓣，红椒1个

调料

白醋3大匙，白糖1小匙，盐少许，白胡椒粉少许，麻油1小匙

做法

1. 将黑木耳洗净、胡萝卜切丝，一起放入沸水中焯烫，捞起放凉备用。
2. 将姜及红椒切丝、蒜头切碎备用。
3. 取一容器，加入做法1、做法2的所有材料及所有调料，略为拌匀，腌制约30分钟至入味，取出盛盘，以香菜（材料外）装饰即可。

香油拌双耳

材料

水发银耳40克，水发黑木耳60克，红椒丝5克，蒜末10克

调料

盐1/6小匙，白糖1小匙，陈醋2小匙，香油1大匙

做法

1. 将泡发的黑木耳、银耳焯熟沥干水分，切去蒂头后切小块，放入碗中备用。
2. 于碗中加入红椒丝、蒜末及所有调料拌匀，盛盘后以香菜（材料外）装饰即可。

百香果拌木瓜

📋 **材料**
青木瓜150克，百香果1个

🧂 **调料**
盐1小匙

🍳 **做法**
① 青木瓜直接去皮后，清洗和去籽；百香果取出果汁。
② 再将青木瓜切成薄片状，加入百香果汁及盐拌匀，并腌制约1天至入味，盛盘后以葱丝及红椒丝（皆材料外）装饰即可。

凉拌金针菇

📋 **材料**
金针菇100克，小黄瓜60克，胡萝卜丝20克，黑木耳丝20克

🧂 **调料**
盐1/4小匙，白糖1小匙，柠檬汁1大匙，香油1小匙

🍳 **做法**
① 金针菇去头洗净切段；小黄瓜洗净切丝，放入容器内以盐（分量外）拌匀，腌制1分钟后备用。
② 在煮沸的水中依序放入胡萝卜丝、黑木耳丝，待水大滚后放入金针菇，烫熟捞起备用。
③ 将做法2的材料泡入冰水后捞起，加入小黄瓜丝和所有调料拌匀即可。

皮蛋豆腐

材料

嫩豆腐1盒，皮蛋1个，葱末10克，柴鱼片适量

调料

酱油膏2大匙，蚝油1/2大匙，白糖1/2小匙，香油少许，冷开水1大匙

做法

1. 将所有调料搅拌均匀成酱料备用。
2. 皮蛋放入沸水中烫熟，待凉后剥壳、切块，备用。
3. 嫩豆腐放置冰箱冰凉后，取出置于盘上，再放上皮蛋，淋上酱料，最后撒上葱末及柴鱼片即可。

葱油豆腐

材料

板豆腐300克，葱丝20克，姜丝15克，红椒丝5克

调料

蚝油、酱油、冷开水各1大匙，白糖1/2小匙

做法

1. 板豆腐切粗条备用。
2. 煮一锅沸水，水中加少许盐（材料外），将板豆腐条放入锅中焯烫30秒钟后，取出盛盘。
3. 将所有调料拌匀成酱汁，淋至豆腐上，再放上混合的葱丝、姜丝和红椒丝。
4. 锅烧热，倒入约2大匙香油（材料外），烧热至约160℃，直接淋至豆腐上即可。

腐皮拌白菜

材料
腐皮2片，白菜1/2颗（约250克），芹菜段20克，胡萝卜丝10克，香菜碎5克，蒜碎10克

调料
香油1大匙，辣油1小匙，盐少许，白胡椒粉少许

做法
1. 腐皮放入沸水中快速焯烫过水，再捞起沥干切成条状，备用。
2. 白菜洗净切丝，用少许盐（分量外）抓匀至出水，再将白菜丝泡水至无咸味、滤除水分，备用。
3. 将做法1、做法2的材料与芹菜段、胡萝卜丝、香菜碎、蒜碎一起混合拌匀，再加入所有调料一起搅拌均匀即可。

凉拌五毒

材料
葱150克，嫩姜50克，蒜苗150克，红椒30克，香菜200克

调料
盐2小匙，白糖1大匙，白醋2大匙，香油1大匙

做法
1. 将除香菜外的所有材料分别准备好，洗净切成细丝后用水浸泡约10分钟，再将水分沥干；香菜洗净切末，备用。
2. 将所有调料拌均匀，再加入做法1的所有材料一起拌匀，略腌入味后即可。

香菜酸辣皮蛋

材料
皮蛋2个，香菜末5克，蒜末10克，熟花生碎10克

调料
辣油1大匙，白醋1大匙，酱油2小匙，白糖1大匙

做法
1. 皮蛋去壳后切小瓣盛盘备用。
2. 蒜末和所有调料拌匀后淋在皮蛋上，再撒上香菜末及熟花生碎即可。

香梗拌皮蛋

材料
皮蛋2个，香菜20克，红椒1/2个，蒜2瓣

调料
酱油膏1大匙，香油1小匙

做法
1. 皮蛋去壳洗净切丁；香菜摘除叶片，留梗切小段；红椒、蒜洗净切末，备用。
2. 香菜梗段、红椒末、蒜末加入所有调料混合均匀成淋酱。
3. 将皮蛋丁盛盘，淋上淋酱即可。

味噌蟹脚肉

材料
蟹脚肉200克，玉米笋40克，小黄瓜40克，熟白芝麻少许

调料
味噌50克，米酒1小匙，白糖1小匙，水3大匙

腌料
米酒1小匙，盐少许

做法
1. 所有调料混合即成和风味噌酱。
2. 蟹脚肉洗净加入腌料腌制10分钟，备用。
3. 玉米笋洗净切块；小黄瓜洗净切块，加少许盐（材料外）抓匀腌10分钟，备用。
4. 蟹脚肉和玉米笋分别焯熟，捞出冷却。
5. 取蟹脚肉、玉米笋块、小黄瓜块盛盘拌匀，淋上适量和风味噌酱，再撒上熟白芝麻即可。

葱油鸡丝绿豆芽

材料
鸡胸肉100克，绿豆芽100克，韭菜10克，红椒丝15克，蒜2瓣

调料
淀粉、米酒、白糖各1小匙，盐1/6小匙，蛋清1大匙，酱油膏2大匙，红葱油1大匙，水适量

做法
1. 鸡胸肉洗净切成细丝，加少许水、淀粉、盐、米酒、蛋清拌匀，腌制约3分钟；蒜洗净切碎；韭菜洗净切小段与绿豆芽烫熟。
2. 将鸡丝放入沸水中，并用筷子将鸡丝拌开，烫熟备用。
3. 另取锅烧热，倒入红葱油，加入蒜碎炒香，加入酱油膏、水及白糖煮开成酱汁，再淋至鸡丝上，拌入绿豆芽、韭菜段和红椒丝即可。

PART 6

餐后甜品

　　到餐厅大打牙祭，酒足饭饱后再来一点甜汤、小点心，真是再满足不过了。很多人都以为甜品很难做，自己在家也做不出餐厅的味道。本单元收集了在餐厅常吃得到的甜汤和小点心，如紫米粥、八宝饭、拔丝地瓜、豆沙锅饼等。这些让你看了流口水的美味甜品，动起手来也是不难的哟，让你在家也能享受美食。

紫米桂圆粥

材料
紫米150克，糯米100克，桂圆肉50克，米酒30毫升，水2500毫升

调料
冰糖100克

做法

1. 桂圆肉洗净沥干水分，加入米酒抓拌均匀，备用。
2. 糯米、紫米洗净，在冷水中浸泡约2个小时后捞出沥干备用。
3. 取一深锅，加入水、糯米和紫米，以大火煮至滚沸后转至小火煮约40分钟，再加入桂圆肉煮约15分钟，倒入冰糖搅拌至冰糖溶解即可。

花生甜粥

材料
花生仁200克，薏米100克，红枣12颗，水1500毫升

调料
白糖100克

做法

1. 花生仁洗净沥干水分，泡入冷水中浸泡约5个小时后捞出沥干备用。
2. 红枣洗净泡入冷水中；薏米洗净，沥干水分备用。
3. 取一深锅，加入水和花生仁，以大火煮至滚沸后转至小火，盖上锅盖煮约30分钟，再加入薏米和红枣煮约20分钟，倒入白糖搅拌至白糖溶解即可。

八宝粥

材料
糯米、糙米各100克，绿豆30克，红豆、花豆各50克，雪莲子、薏米、桂圆肉各30克，米酒20毫升，水适量

调料
白糖适量

做法
1. 红豆、花豆、雪莲子、薏米、糙米洗净，泡入冷水中浸泡约5个小时后捞出沥干。
2. 糯米、绿豆入冷水中泡2个小时后捞出。
3. 桂圆肉洗净沥干，加入米酒抓匀，备用。
4. 取一深锅，加入水、红豆、花豆、雪莲子、薏米、糙米、糯米、绿豆，以大火煮至滚沸后转至小火煮约50分钟，再加入桂圆肉煮约10分钟，倒入白糖搅拌至白糖溶解即可。

莲子银耳汤

材料
干莲子150克，干银耳20克，红枣5颗，水800毫升

调料
冰糖60克

做法
1. 干莲子洗净，泡入85℃的温水中，浸泡约1个小时至软，挑除中间黑色莲子心。
2. 干银耳泡水至涨发，剪掉蒂头后洗净；红枣洗净。
3. 将莲子加200毫升的水，放入蒸锅内，以中火蒸约45分钟，至软透后取出。
4. 取一汤锅，加入其余600毫升的水，放入银耳、红枣煮沸，再加入莲子以小火煮约20分钟，加入冰糖拌匀，煮至溶化即可。

绿豆汤

材料
绿豆300克，开水3000毫升，冷水少许

调料
白糖200克

做法
1. 将有瑕疵的绿豆挑出，其余绿豆放入水中洗净，除去表面的灰尘和杂质。
2. 取一钢锅，放入绿豆，于锅中加少许冷水，冷水需淹过绿豆约2厘米，置于炉火之上，以中火煮约10分钟，至锅内汤汁收干为止。
3. 在锅中加入3000毫升的开水，盖上锅盖，继续以中火焖煮约15分钟至绿豆外观爆开、熟烂为止，加入白糖拌匀即可。

甘露果盅

材料
哈密瓜1个，莲子8颗，桂圆肉4颗，新鲜百合30克，白果5颗，银耳5克，枸杞子1大匙，红枣5颗

调料
甘蔗汁300毫升

做法
1. 将哈密瓜上方约1/3处切下作为瓜盖（可搭配刀具作简单的果雕），挖出下方哈密瓜果盅内的籽囊，再切除适量果肉，让哈密瓜盅内空间变大。
2. 将哈密瓜以外的所有洗净的材料放入锅中，以中火煮至沸腾，熄火备用。
3. 将做法2的汤汁和材料及甘蔗汁倒入瓜盅内，盖上瓜盖放入蒸笼以中火蒸煮约20分钟即可。

汤圆

材料

糯米粉200克，白糖60克，水100毫升，澄粉75克，开水55毫升，猪油60克

做法

1. 将糯米粉、白糖和水混合搓匀至糖完全溶化备用。
2. 澄粉一边搅拌一边缓缓倒入开水拌匀，加入做法1材料中揉匀后，加入猪油充分揉匀并平均分成数个小圆球状。
3. 取锅煮水至沸腾，放入汤圆轻轻搅拌，待汤圆浮出水面即可。

紫米汤圆

材料

紫米100克，红白小汤圆100克（做法请参考第153页汤圆的做法），水3000毫升

调料

黑糖150克

做法

1. 紫米用清水洗净后，泡冷水约30分钟，使紫米吸收水分，烹煮时易熟。
2. 取一砂锅，加3000毫升水用大火煮沸，再加入紫米，转为小火，盖上锅盖。
3. 紫米焖煮约90分钟后加入黑糖，搅拌均匀后熄火。
4. 把红白小汤圆放入钢锅中，以中火煮约2分钟后捞出，放入砂锅中，与紫米搅拌均匀即可。

芋头西米露

材料
西米80克，芋头100克，椰浆50毫升，水适量

调料
白糖80毫升

做法

❶ 芋头去皮洗净，切滚刀块，加入适量水，以小火煮约40分钟，至芋头熟透变软。

❷ 将白糖倒入做法1的锅中，用打蛋器均匀搅拌，至糖溶化，芋头打成泥放凉。

❸ 另取一锅，加入10倍西米重量的水煮沸，接着加入西米煮沸。

❹ 煮沸后转中小火续煮约10分钟，期间需略搅拌使之粒粒分明不粘连，煮好后捞出，用流动的冷开水冲至完全冷却沥干，放入做法2的材料，加入椰浆及煮熟的西米即可。

核桃露

材料
去皮核桃仁80克，水400毫升，无盐奶油20克，牛奶30毫升，水淀粉1大匙

调料
白糖50克

做法

❶ 将去皮核桃仁平铺至烤盘中，先将烤箱预热至120℃，将核桃放入烤箱烤约5分钟至核桃呈金黄色后，取出放凉。

❷ 取核桃仁与水放入果汁机中，高速打至呈糊状。

❸ 取一小锅，加入核桃糊与无盐奶油和白糖，以小火煮至滚沸，接着以水淀粉勾薄芡，即可关火，再加入牛奶拌匀即可。

奶黄包

📋 材料

中筋面粉	300克
蛋黄粉	20克
速溶酵母	3克
泡打粉	3克
白糖	15克
水	130毫升
猪油	15克

🧂 调料

奶油	50克
鸡蛋	3个
澄粉	50克
蛋黄粉	1匙
牛奶	130毫升
白糖	180克

📖 做法

① 奶油先放入微波炉或电饭锅中加热至融化备用。

② 将中筋面粉、蛋黄粉、速溶酵母、泡打粉、白糖倒入搅拌机内拌匀，再慢慢加入水以低速搅拌均匀后，改成中速打成光滑的面团，最后再加入猪油搅拌均匀，静置松弛约15分钟。

③ 将馅料中的鸡蛋、澄粉、蛋黄粉、牛奶、白糖拌匀后，加入奶油搅拌均匀，再放入电饭锅内蒸15~20分钟取出，放凉后备用。

④ 将面团分成每个30克的小面团，再擀成圆面皮，在每张圆面皮中包入20克做法3的奶黄馅，整成包子形状，静置松弛15~20分钟。

⑤ 将奶黄包放入水已煮沸的蒸笼，用小火蒸10~12分钟即可。

芝麻糊

材料
黑芝麻50克，水300毫升，奶粉水50毫升，水淀粉2小匙

调料
白糖30克

做法

❶ 黑芝麻用水冲洗后，沥干水分，充分晾干，再倒入炒锅中，以小火持续翻炒约15分钟至黑芝麻鼓起有香味，即可关火、摊凉散热。

❷ 取黑芝麻与水，放入果汁机中，以高速打约2分钟成糊状。

❸ 取一小锅，放入黑芝麻糊与白糖，以小火煮至沸腾，接着以水淀粉勾薄芡，即可关火，再加入奶粉水拌匀即可。

杏仁豆腐

材料
杏仁露2大匙，吉利丁粉2大匙，什锦水果15克，糖水300毫升，水500毫升

调料
炼乳3大匙

做法

❶ 取一锅，加入500毫升水煮沸，再加入炼乳煮至溶化，接着加入吉利丁粉、杏仁露拌匀至溶化。

❷ 将做法1的材料倒入容器内，静置待凉后放入冰箱冷藏，冰至凝固后取出，此即为杏仁豆腐。

❸ 将杏仁豆腐切成小方丁，加入糖水及什锦水果混合即可。

麻糬

📋 **材料**
糯米粉100克，水100毫升，玉米粉20克，花生粉100克，白糖3大匙

🍳 **做法**

❶ 将糯米粉、水、玉米粉拌匀成粉浆，放入电饭锅内锅中，于电饭锅外锅加适量水，按下开关，待跳起取出，用筷子搅拌约1分钟至Q弹后分成小块。

❷ 取花生粉及白糖混合，再将做法1的麻糬裹上花生粉即可。

八宝饭

📋 **材料**
糯米300克，猪油40克，豆沙40克，市售五色什锦蜜饯80克

🍶 **调料**
白糖80克

🍳 **做法**

❶ 糯米洗净，泡入冷水中4个小时，沥干。

❷ 蒸笼铺上棉布，将糯米平铺入蒸笼中，以大火干蒸约30分钟后取出，倒入盆中，加入猪油及白糖拌匀后备用。

❸ 模型（碗）擦油（分量外）以防粘连，将五色什锦蜜饯排放入模型底部。

❹ 在于做法3的材料中铺上一半糯米饭，将豆沙压平放入糯米中间，再铺上其余的糯米饭压实，放入蒸笼蒸约10分钟，倒扣在盘子上即可。

豆沙锅饼

材料

中筋面粉100克，鸡蛋1个，吉士粉10克，水150毫升，豆沙40克，花生粉适量，食用油适量

做法

1. 中筋面粉与吉士粉混合，再加入水搅拌均匀，并拌打至有筋性后，加入鸡蛋拌匀。
2. 平底锅加热，抹上少许油，将面糊分两次摊平煎成薄饼，只需煎一面即可起锅。
3. 将豆沙蒸软后分成2份，铺于饼面后从左右两边1/3处折至中心线后再对折成长条型。
4. 平底锅加入1大匙油热锅，放入做法3的材料煎至两面金黄取出，切小块，撒上花生粉即可。

焦糖拔丝红薯

材料

红薯1个，黑芝麻适量，食用油适量，白糖50克，麦芽糖40克，水30毫升

做法

1. 红薯洗净并去皮后，切适当块状备用。
2. 热一油锅，待油烧热至160℃时，将红薯块放入锅中油炸至软，再将油烧热至180℃，将红薯块炸成酥脆状后，盛起沥油备用。
3. 另取锅，于锅中放入白糖、麦芽糖、水后，一起煮成焦糖色熄火，将红薯块放入锅中均匀地裹上焦糖液。
4. 取盘，涂上薄薄的食用油后，放入红薯块，再撒上黑芝麻后待冷却即可。

糖蜜莲藕

材料
莲藕2节，长糯米120克，枸杞子1大匙，桂圆肉1大匙，牙签4支，水500毫升

调料
黑糖80克

做法

❶ 将莲藕洗净去皮，切去一边的蒂头，蒂头留着。

❷ 长糯米洗净，泡适量水（分量外）约2个小时后沥干；枸杞子、桂圆肉洗净，泡软。

❸ 将长糯米塞入莲藕洞孔中（可用筷子辅助），填满后再用牙签将留下的莲藕蒂头固定回去，成一完整莲藕。

❹ 取汤锅，放入处理好的莲藕、桂圆肉、枸杞子、黑糖和水，以中小火炖煮约80分钟直至莲藕软化即可。

莲藕凉糕

材料
莲藕粉250克，市售蜜红豆100克，白糖250克，水500毫升

做法

❶ 莲藕粉加入300毫升水拌匀备用。

❷ 取一锅，加入剩余的200毫升水及白糖，煮开后倒入做法1的粉浆中拌匀至稀稠状，加入蜜红豆拌匀。

❸ 将做法2的材料拌好粉浆装至容器中，放入蒸笼大约蒸20分钟后取出放凉，放入冰箱冷藏后即可食用。

蜜汁菱角

材料
生菱角仁　300克
熟白芝麻　少许
淀粉　　　少许
蜂蜜　　　1大匙
水　　　　120毫升
食用油　　适量

调料
白糖　　　1大匙
麦芽糖　　1大匙
酱油　　　1/2大匙
白醋　　　少许

做法
1. 生菱角仁洗净沥干水分，放入电饭锅内锅，外锅加适量水（或放入蒸锅中，约蒸30分钟）蒸熟备用。
2. 取筷子，将菱角仁沾上淀粉，再放入150℃的油锅中，炸1~2分钟夹起沥干油。
3. 钢锅中放入水、调料以小火煮成浓稠状成蜜汁，再倒入蜂蜜，放入菱角仁粘裹蜜汁，再撒上熟白芝麻即可。